AWS エンジニ

学習ロードマッ

JN000625

AWS

学習ロードマップ

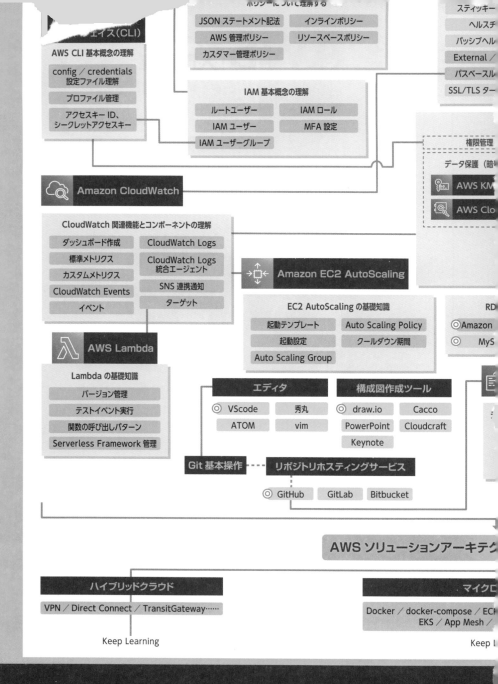

ポリシーについて理解する
JSON ステートメント記法　　インラインポリシー
AWS 管理ポリシー　　リソースベースポリシー
カスタマー管理ポリシー

スティッキー
ヘルスチ
パッシブヘル
External /
パスベースル
SSL/TLS ター

AWS CLI 基本概念の理解
config / credentials
設定ファイル理解

プロファイル管理

アクセスキー ID、
シークレットアクセスキー

IAM 基本概念の理解
ルートユーザー　　IAM ロール
IAM ユーザー　　MFA 設定
IAM ユーザーグループ

権限管理
データ保護（暗
AWS KM
AWS Clo

Amazon CloudWatch

CloudWatch 関連機能とコンポーネントの理解
ダッシュボード作成　　CloudWatch Logs
標準メトリクス　　CloudWatch Logs 統合エージェント
カスタムメトリクス
CloudWatch Events　　SNS 連携通知
イベント　　ターゲット

Amazon EC2 AutoScaling

EC2 AutoScaling の基礎知識
起動テンプレート　　Auto Scaling Policy
起動設定　　クールダウン期間
Auto Scaling Group

RD
◎Amazon
◎　MyS

AWS Lambda

Lambda の基礎知識
バージョン管理
テストイベント実行
関数の呼び出しパターン
Serverless Framework 管理

エディタ
◎ VScode　　秀丸
ATOM　　vim

構成図作成ツール
◎ draw.io　　Cacco
PowerPoint　　Cloudcraft
Keynote

Git 基本操作 ---- リポジトリホスティングサービス

◎ GitHub　　GitLab　　Bitbucket

AWS ソリューションアーキテク

ハイブリッドクラウド
VPN / Direct Connect / TransitGateway……

Keep Learning

マイクロ
Docker / docker-compose / ECK
EKS / App Mesh /

Keep L

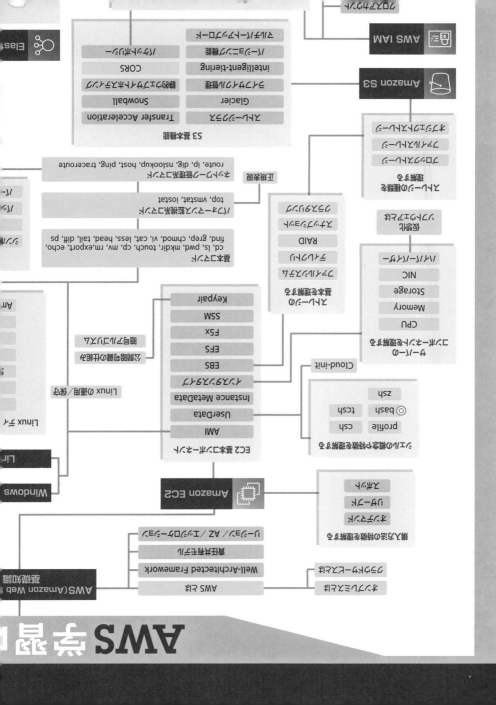

AWS エンジニア入門講座

学習ロードマップで体系的に学ぶ

著者 CloudTechロードマップ作成委員会
監修 くろかわこうへい

技術評論社

本書ではサポートページのほかに、特設サイトを開設しています。本書と併せてご活用ください。

- **サポートページ**
  https://gihyo.jp/book/2022/978-4-297-12537-0
  本書記載の情報の修正／訂正／補足など

- **特設サイト**
  https://kws-cloud-tech.com/courses/roadmap
  書籍動画連動方式や理解度チェック、外部リンク集情報など

本書に記載された内容は、情報の提供のみを目的としています。したがって、本書を用いた開発、運用は、必ずお客様自身の責任と判断によって行ってください。これらの情報による開発、運用の結果について、技術評論社および著者はいかなる責任も負いません。

本書記載の情報は、2021年11月現在のものを掲載していますので、ご利用時には、変更されている場合もあります。また、ソフトウェアやサービスに関する記述は、とくに断わりのないかぎり、2021年11月現在での最新バージョンをもとにしています。ソフトウェアやサービスはバージョンアップされる場合があり、本書での説明とは機能内容や画面レイアウトなどが異なってしまうこともあり得ます。本書ご購入の前に、必ずバージョン番号などをご確認ください。

以上の注意事項をご承諾いただいたうえで、本書をご利用願います。これらの注意事項をお読みいただかずに、お問い合わせいただいても、技術評論社および著者は対処しかねます。あらかじめ、ご承知おきください。

Amazon Web Services、および本文中で使用されるその他のAWS商標は、米国その他の諸国における、Amazon.com, Inc.またはその関連会社の商標です。会社名、製品名については、本文中では、™、©、®マークなどは表示しておりません。

はじめに

　はじめまして、AWS学習サービス「CloudTech」主宰のくろかわこうへいと申します。

　私はYouTube上で2年間にわたり300本ほどのAWS学習に関する動画を製作、発信してきました。その活動の中で、視聴者の方からもっとも多くいただくお悩みの1つが「AWSの学習の進め方がわからない」というものです。

　近年、書店には多くのAWSの技術書が並び、公式サイトには多くのドキュメントや学習コンテンツが公開されているにも関わらず、なぜ道に迷ってしまう初学者が後を絶たないのでしょうか。本書の製作にあたっては、さまざまな経歴を持つ50名以上ものメンバーのお力添えをいただくことができました。

　AWSを学習する方の多くは、AWSの基礎となるインフラの必須知識が広範囲にわたり、長い道のりが続くのは十分に承知でしょうが、それにしても、どこかに体系立てられた効率の良い学習方法があるのでは？と近道を探したがるものです。

　本書は秘密の近道を教えるものではありません。しかしあなたがAWSを独学で理解し、クラウド・インフラエンジニアとして独り立ちできるまでの「AWS初学者を迷わせないクラウドの地図」を手渡すことができます。

　AWSの主要な学習トピックを知りたいすべての人にとって本書はきっとお役に立てることでしょう。

AWS初学者を悩ませる 「情報量」

　AWS学習中の方から質問、相談を受ける中で、AWS初学者が直面する問題は次の3つのカテゴリに分類できます。

● 初めの一歩がわからない

　私が駆け出しエンジニアだった2010年頃と比較して、IT学習に関す

る情報量は増加の一途を辿っています。個人や企業のブログでも先端技術に触れる「やってみた」系の記事が溢れ、公式のドキュメントや学習コンテンツも充実し、果てはUdemyやYouTubeで動画講座も簡単に受講ができる時代です。

　この圧倒的な情報量が逆に「どこから手をつけてよいかわからない」という状況を生み出し、初学者の初めの一歩をためらわせている要因になっています。

◉ 全体像がわからない

　勇気を持って初めの一歩を踏み出せたとしても、次に待っているのが「自分が今どのあたりにいるのか、次にどこに向かって進めばよいのかわからない」という問題です。

　AWSのサービスは年々増え、第一線で活躍する一流のエンジニアでさえもそのすべてを使いこなせるわけではありません。また、AWSを学習するにしてもAWSだけ学べば業務ができるわけではなく、サーバーやネットワークといったインフラの基礎知識も学ばなければなりません。こうした状況を取り巻く世界の広大無辺さが、自分の立っている場所と目的地とを見失わせ、次の一歩を踏み出せなくしてしまいます。

◉ とりあえず資格だけ、になりがち

　初めの一歩、次の一歩を自信を持って踏み出すことができなくなると、とりあえず手をつけたくなるのが「資格取得」です。

　AWSの資格は年々市場価値が上昇し、人気が高まっている状況なので取得して損をすることはありません。資格を取得するには試験に合格しなければなりませんから、取得することで自分の学習の成果を実感することもできます。

　しかしながら、ここにも落とし穴があります。それは資格を取得すること自体が目的化してしまうことです。本来、AWSの知識／技術を習得してエンジニアとして次の一歩を踏み出そうとしていたはずなの

に、資格を取ってそこで満足してしまっては本末転倒です。

本書を活用すれば次のことができるようになることをお約束します。

- AWSの学習に関する情報が整理できる
- 何を学習すべきか、学習の順序が整理できる
- AWS学習の全体像が理解でき、成長が実感できる

学習ロードマップを活用しよう

AWSによるシステム開発に携わるためには、AWSの知識は必要不可欠です。

現役エンジニアとして働いている方はおわかりのことと思いますが、業務が忙しい中で新しい技術の習得に挑むのは一筋縄ではありません。ネットには情報が溢れていますが、その1つひとつを吟味して体系的に学習を組み立てるのは困難です。

私自身、インフラエンジニアとして12年間働いてきた中で、AWSの学習の進め方については情報量の多さに迷い、遠回りをし、失敗に失敗を重ねて苦難の連続でした。公式マニュアルを読み込み、有給を使ってAWSロフト[注1]に通ってセミナーを受講して、それでも年下の後輩に詰められ、胃痛に耐えながら案件をこなしてきたのでAWS初学者が抱える悩みや不安を身をもって体験している自負があります。

こうした経験を経て身に付けたノウハウを同じようにAWS学習に悩む多くの人々に共有できればと思い、CloudTechでは技術書作成プロジェクト（つまり本書の製作企画）を立ち上げて有志の方にご協力頂き、AWSの初学者のための学習の道筋について妥協なく議論と研究を重ねました。

その成果の1つが、本書の折り込み付録の元となっている「クラウドエ

注1　AWS Startup Loft Tokyoのこと。有効なAWSアカウントIDを持つスタートアップ企業に所属している人やデベロッパーのためのコワーキングスペース。
https://aws.amazon.com/jp/startups/lofts/tokyo-loft/

ンジニア（AWS）ロードマップ2021」です。このロードマップをIT情報共有サイト「Qiita」に投稿したところ、次のように多くのエンジニアに多大な評価をいただきました。

- Qiita歴代の人気記事 … 2021年度TOP3にラインクイン
  2403LGTM、2612ストック獲得（2021年12月14日）
- はてなブックマーク … テクノロジーカテゴリ1位獲得（2021年5月10日）
  702ブックマーク

　本書はこのロードマップを元に、制作メンバーの手によってより明確に、具体的に、ブラッシュアップしたものです。インフラ／クラウド領域という広大な大海原を渡り歩くための地図としてお役立ていただければ幸いです。

2021年12月
くろかわこうへい

本書の利用方法

　本書は次世代型の取り組みとして、制作途中の原稿ドキュメントをSNSで公開して多くの目に晒すことにより、より質が高く公平な目線となる方式を採用しました。制作過程は特設サイトで公開しています。

- 特設サイト
  https://kws-cloud-tech.com/courses/roadmap

　加えて、書籍の内容を動画で解説した書籍動画連動方式、理解度チェック、外部リンク集も特設サイトで提供しているので、書籍と併せてぜひ活用してください

学習ロードマップの注意点

- 学習の順番を固定しない

　本書では、初めの一歩を踏み出すための目安として、学習ロードマップの上から初めて、下に向かって進んでいくことを推奨しています。しかし、AWS学習において「どこから始めるか」「どこに向かうか」に正解はありません。

　ロードマップについても入口は一番上や下にあるように見えますが、興味のあるサービスや業務に関わるサービスからスタートしても問題はありません。あなたの目的や実務環境に合わせてアレンジしてください。そもそも学習に正解を求め過ぎるのは良くないです。

- 目的を「いち早くロードマップどおりに学習を完了すること」としない

　ロードマップはあくまで学習を進めるうえで全体像や目的地を見渡すための目安や地図として考えるべきで、囚われすぎないようにして

ください。

　例えば、ロードマップ上には網羅的に無数のサービスが並んでいますが、これらすべてをクリアすべき課題と捉え、順番にひたすら消化していくような進め方は推奨しません。貴方が目指すクラウドエンジニア像に辿り着く道筋としては、大きく空回りしてしまう可能性があります。

　どの部分に強くなりたいのか、そのためにはどの道筋で学習したらよいのか考えて取捨選択することが大切です。

学習優先度、目標レベルの設定

　本書を開いていざ学習を開始しようとしても、どの順番でどのように進めたら良いのか迷う方も多いでしょう。

　学習を始めるにあたって、まず最初に直面する問題が「どこから手をつけるか」でした。ここでは貴方が今いる現在地を「初学者」「現役インフラエンジニア」「アプリエンジニア」「非技術職」の4つに分類し、それぞれにとって本書の各項目の学習優先度と目標とすべきレベルを一覧にしました（**表0-1**）。

表0-1　ロールモデルごとの目指すべきレベル（Chapter単位）

Chapter	項目	初学者	現役インフラエンジニア	アプリエンジニア	非技術職
1	AWSの基礎知識	★★★★★	★★★★★	★★★★★	★★★★★
2	Amazon EC2	★★★★★	★★★★★	★★★★★	★★★★★
3	Linuxの運用／保守	★★★★	★★★★	★★★	★
4	Windowsサーバーの基礎知識	★★★	★★★★	★★★	★★★
5	Amazon S3	★★★★	★★★★	★★★★	★★★
6	Amazon VPC	★★★★★	★★★★★	★★★★★	★★★★★
7	Amazon Route 53	★★★★★	★★★★★	★★★★★	★★★
8	Amazon CloudFront	★★★★	★★★★	★★★★	★
9	Elastic Load Balancing	★★★★★	★★★★★	★★★★★	★★★★
10	セキュリティ基礎知識	★★★★	★★★★★	★★★★★	★★★★★
11	AWS IAM	★★★★★	★★★★★	★★★★★	★★★★★

Chapter	項目	初学者	現役インフラ エンジニア	アプリ エンジニア	非技術職
12	AWSコマンドラインインターフェイス	★★★	★★★★★	★★★★★	★
13	Amazon CloudWatch	★★★★★	★★★★★	★★★★	★★
14	Amazon EC2 Auto Scaling	★★★★★	★★★★★	★★★★★	★★
15	AWS Lambda	★★★★★	★★★	★★★★★	★★
16	Amazon RDS	★★★★★	★★★★★	★★★★★	★★
17	AWS CloudFormation	★★★	★★★	★★★★	★★

★★★★★…第三者に向けた技術記事や社内技術ドキュメントを執筆できるレベル。自分の言葉で
　　　　　機能の特徴、注意点、他のAWSサービスとの連携など具体的なユースケースについ
　　　　　て説明でき、業務では自ら手を動かしサービスの構築／変更／削除ができる。また、
　　　　　他メンバーに指示を出せる
★★★★……業務で与えられた抽象的な指示内容を理解してサービスを設計／構築できるレベル。社
　　　　　内技術ドキュメントを作成できる。不明点は自ら調べて解決でき、業務を自走できる
★★★………公式ドキュメントや非公式の技術ドキュメントに出てくる用語が理解できるレベル。
　　　　　詳細な手順書があればサービスの構築ができる
★★…………チュートリアルを経験しており、基本的な機能に触れたことがあるレベル
★……………どのような目的の機能・サービスかを知っているレベル

■ クラウド初学者

　クラウド初学者の方は、基本的に「クラウドファーストの学習」をお勧めいたします。**表0-1**の★5を中心に進めてください。

　大きな流れは次のとおりです。

「Chapter11：AWS IAM」を座学する

ハンズオンを実施する

周辺知識を習得する

　クラウドファーストの学習ではAWSサービスの学習を優先して進めます。前提となるインフラの基礎知識は学習を進める中で必要に迫られたら初めて着手します。例えば、キーペアを使ってEC2インスタンスへ接続する場合、前提となる公開鍵暗号方式の理解は必須ではありません。

　あなたの会社の先輩エンジニアの中には「インフラを理解せずにクラウ

ドを学習するなんて早すぎる。順番が間違っている」のような意見を持つ人がいるかもしれません。確かに、AWSサービスのEC2は仮想サーバーの知識が、VPCは仮想ネットワークの知識が前提になっているもので、基礎理解は非常に重要です。

　しかし、初学者の方は思い切ってインフラの基礎知識は「必要になるまでやらない」意識を持ってみてください。理由は、膨大なインフラの知識が完璧になるのを待っていては、いつまでたってもクラウドの学習を開始できないからです。AWSサービスの学習を進めていく中でインフラの基礎知識が求められるときが必ずくるので、そのときに初めて深く掘り下げることでより身近に感じられるでしょう。

　初学者はAWSの基本サービスを学習したら早めにハンズオンを実施して、サービス同士を組み合わせてアウトプットすることで知識定着が狙えます。目安としては「Chapter 11：AWS IAM」の座学まで完了したら簡単なハンズオンに挑戦してみることをお勧めします。本書の特設サイトにハンズオンの動画解説も載せていますので、ぜひ実際にAWSを動かして操作にチャレンジしてみてください。

　繰り返しになりますが、インフラの基礎知識を軽視しているわけではありません。インフラの基礎知識が不足してるとAWSでエラーが発生した際などに対応ができませんし、エラー解決のためには高度なパフォーマンスチューニングやセキュリティの知識が必要となることもあります。

　読者の皆さんの置かれているポジションに応じて、まずは★5を優先して学習を進めていただければと思います。なお、「Chapter 4：Windowsサーバーの基礎知識」「Chapter 12：AWSコマンドラインインターフェイス」「Chapter 17：AWS CloudFormation」は★3としています。

　AWSコマンドラインインターフェイスとCloudFormationはAWSマネジメントコンソールの手動操作の代替となる補助的なツールとして位置付けられます。学習初期の場合、まずはAWSマネジメントコンソールを手動で操作して学習したほうが理解しやすいため、これらサービスの優先度を落としました。

　Windowsサーバーは一般的なWebサービスでは積極的に使われるサー

バーOSではなく、GUI操作で習得コストは比較的低いため優先度を落としています。

　もちろんあなたの担当システムや業務内容によって優先度が変わります。基準は提示しますが、適宜状況に応じた優先度を設けてください。

■ 現役のインフラエンジニア（クラウド未経験）

　実際の業務と関連のあるAWSサービス、または興味のあるサービスから学習を開始することをお勧めします。

　現役のインフラエンジニアであればインフラの基礎知識や経験があるので、クラウドとオンプレミスを比較しながら「このAWSサービスはオンプレミスだと何になるのだろう？」と照らし合わせて考えるのもよいでしょう。

　学習ロードマップを元に「技術を広げること」と「技術を深めること」を意識してみてください。スキルセットを表現する考え方で「Tモデル」があります（**図0-1**）。

図0-1　Tモデル

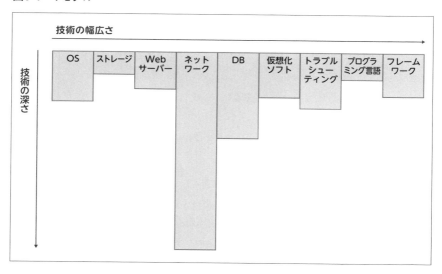

　知識を横に広げるか、縦に伸ばしていくかの戦略は人それぞれ異なります。あなたが会社で担当している業務の役割、個人的に興味のある技術ト

ピックなどを総合的に判断して学習ロードマップをどのように進めるか計画を立ててください。

　ネットワーク周辺の基礎知識はAWSを深く理解するために非常に重要になります。DNSやNAT、キャッシュ、ルーティングなど、基礎レベルのネットワーク知識が不安であればおさらいしておきましょう。

　なお、「Chapter15：AWS Lambda」と「Chapter 17：AWS CloudFormation」は★3に落としています。Lambdaはアプリケーションエンジニア寄りの知識が求められるためで、CloudFormationはインフラストラクチャをコード化する目的でありDevOpsエンジニアの領域に寄っているためです。

■ 現役アプリケーションエンジニア

　2019年の幕張メッセで開催された大規模なAWSカンファレンスである「AWS Summit 2019」開幕時のオープニングトークで、アマゾンウェブサービスジャパン株式会社 代表取締役社長である長崎忠雄氏が「これからはアプリケーションエンジニアとインフラエンジニアの境界線がどんどんなくなっていく」と発言されました。

　昨今、アプリケーションエンジニアも当たり前に基本的なインフラ知識が求められることが多くなってきています。基本的には初学者と同じように「オンプレは後回し」とする進め方でかまいません。

　インフラ色の強いサーバー（EC2）やネットワーク（VPC）を優先的に進めましょう。アプリケーションエンジニアであればコードを書き慣れているはずですので、LambdaやCloudFormationはスムーズに理解できるでしょう。

■ 非技術職

　ここで言う「非技術職」とはIT営業、経営者、DX推進担当などエンジニアリングスキルを主な労働力としないすべての人を指します。まず最重要なのは「そもそもクラウドには従来型のオンプレと比べてどんなメリットがあるのか？」を理解することです。特に自社サービスの提案活動が中心のIT営業の方は「クラウドのメリット」を理解するため、2章のAWS基

礎知識を重点的に学習しましょう。

　基本サービスの理解を優先し、オンプレの深い知識やAWS CLIなどの
ツールについては優先度を下げて学習いただいてかまいません。

AWSの基礎知識

責任共有モデルやリージョン、コスト、タグ戦略
などの基本的な考え方

　まずはAWSの基本的な事柄を理解しておきましょう。　本
ChapterではAWSを運用するうえでの責任分担の考え方やデータ
センターの配置、料金の計算方法などを説明します。はじめて出て
くるキーワードが多いですが、まずは「こんな感じなんだな」と1
つひとつ慌てずに理解していきましょう。

1.1　AWSとは

　AWS（Amazon Web Services）はAmazon Web Services, Inc.が提供している
クラウドサービスです。ユーザーはさまざまなクラウドサービスの利点
を活かしながら、システムを構築／利用できます。

　パブリッククラウド全盛期においてAWSは全エンジニアの必修科目とな
りました。調査によると3大クラウド（「**AWS**」「**Azure**（Microsoft
Azure）」「**GCP**（Google Cloud Platform）」）の四半期ごとの利益は着実に成
長し続け、このトレンドは今後も続くと予測されています（**図1-1**）。

図1-1　3大クラウド（AWS／GCP／Azure）の収益状況

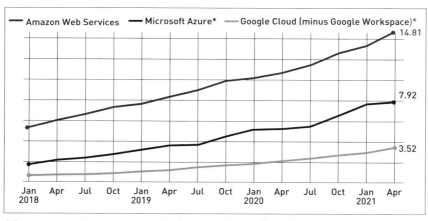

出典元：https://techmonitor.ai/technology/cloud/aws-heading-50-public-cloud-market-share

　IDC Japanの調査によると2025年のパブリッククラウドの市場規模は
2020年と比較して2.4倍の2兆5,866億円になると推測されています[注1]。また、
2020年にICT市場調査コンサルティングのMM総研が国内企業1,182社を対
象にした調査によると、システムの分野を問わず、特にAWSの利用率が高
い状況です（**図1-2**）。

注1　https://www.idc.com/getdoc.jsp?containerId=prJPJ47502321

図1-2 主にPaaS/IaaSを利用するシステムの「AWS」「Azure「GCP」の利用率

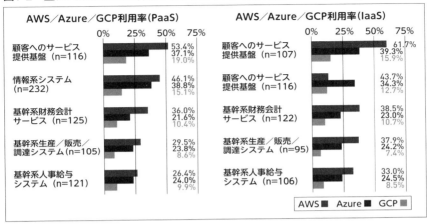

出典元：https://www.m2ri.jp/release/detail.html?id=500

オンプレミスとは

AWSを理解するには前提となるオンプレミスのITインフラの知識が必要不可欠です。

オンプレミスとは、物理的なサーバーやストレージ、ネットワーク機能などのITリソースを、企業が自社内、もしくはデータセンター等の設備内に設置して保守／運用までを行う形態を意味します。

オンプレミスは、自社でITリソースを管理するため運用の柔軟性が高いものの、あらかじめピーク量の推定が必要であり、また、サーバーを導入するのに1〜2年かかることもあります。さらに、サーバー室の電源設備や空調管理、サーバー室に侵入者が来ないようなセキュリティなどにも維持費がかかります。このようにオンプレミスを取り扱うのには多くの苦労が伴ってきましたが、クラウドサービスの登場により時代は一変します。

クラウドサービスとは

クラウドサービスとは、ユーザーが物理的なITリソースを持たずとも、

インターネット経由でそれらを利用できる仕組みのことを指します。

　クラウドサービスの特徴は、必要なときに必要な分だけのサーバーを構築でき、使った分だけの請求がくる従量課金方式であることです。また、運用上の責任範囲が分かれること（詳細は「1.3 責任共有モデル」）や、ITリソースを保有する形態ではないためサーバーを購入した際に発生する固定費などが発生しない利点があります。さらに、予期せぬピーク時にも、サーバーを自動的に拡張できたり、変化の早い現代においてビジネスチャンスを逃さない俊敏性があります。ただし、クラウドベンダーの計画に合わせたメンテナンスやアップグレードに追従する必要があります。

　AWSは2006年にサービスを開始し、今では世界中にサービスを展開しています。そのため、ユーザーはAWSのグローバルクラウドインフラストラクチャを利用し、アプリケーションを世界中のエンドユーザーに低レイテンシー（遅延時間が少ない状態）で提供することが可能です。

　クラウドサービスのモデルとして代表的なものは次のとおりです。

IaaS（Infrastructure as a Service）

　Amazon EC2（AWSの仮想サーバーサービス）のようにハードウェアやストレージなどインフラ部分のみが提供されるサービスモデルです。IaaSでユーザーが管理すべき責任範囲はOSからアプリケーションまでと広いですが、自由度が高く柔軟なシステムを設計できるメリットがあります。

PaaS（Platform as a Service）

　Amazon RDSやAWS Lambdaのようにインフラ部分に加えてミドルウェア、ランタイムまでが提供されるサービスモデルです。PaaSでユーザーが管理すべき責任範囲はアプリケーションとデータのみです。そのため、アプリケーションの構築やコーディングに集中できます。

SaaS（Software as a Service）

Amazon S3やAmazon CloudWatchのようにクラウドに接続するだけで利用できるサービスモデルです。SaaSではクラウド事業者が全レイヤーを運用管理します。私たちが日常的に利用する多くのメールサービスやコミュニケーションサービスもSaaSに該当します。サービスの設定をするだけですぐに利用できることが最大のメリットです。

1.2 AWS Well-Architectedフレームワーク

AWS Well-Architectedフレームワーク[注2]とは、AWSの設計原則とベストプラクティスをまとめたもので、ホワイトペーパーなどで情報が公開されています。きちんと理解することでAWSサービスを用いた設計の考え方を身に付けられます。

設計の基本となる5つの柱の主な考え方は次のとおりです。

■ 運用上の優位性
- 運用手順を自動化することで人為ミスを抑止する
- 失敗したときに元へ戻せるように変更は小規模に留める
- 業務の改良に応じて、運用手順の改善と検証を計画的に実施する
- 障害をシミュレートし、チーム内で対応手順を確認する

■ セキュリティ
- 利用者ごとに付与する権限は最小権限に留める
- OS、アプリケーション、コードなど全レイヤーにセキュリティを適用する
- 設定履歴、アクセスログをモニタリングする

注2　https://aws.amazon.com/jp/architecture/well-architected/

- セキュリティイベントに備える

■ **信頼性**
- システム障害発生時の復旧を自動化する
- リソースの増減に対して柔軟に対応する
- リソースを分散させて単一障害点を防ぐ
- 復旧手順をテストする

■ **パフォーマンス効率**
- 最適なコンピューティングリソースを選択する
- 継続的にリソースの使用率をモニタリングし最適化する

■ **コスト最適化**
- 必要以上のリソースを事前に確保せず、需要に合わせて増減させる
- コスト管理サービスを利用して、使用状況を把握する
- 不要となったリソースを廃止する
- マネージドサービスを活用して運用コストを削減する

なお、AWS Well-Architectedフレームワークの原則は遵守しなければならないものではありません。5つの柱の考え方を念頭に置きつつ、実現したいシステムやプロジェクトに適した設計を心がけることが大切です。

1.3 責任共有モデル

責任共有モデルとは、AWSサービスを利用したシステムにおけるセキュリティとコンプライアンスの責任範囲を定義したものです（**図1-3**）。AWSとAWSサービス利用者の間で責任範囲を明確にすることで、障害発生時の認識違いや対応漏れといったトラブルを防ぐことができます。

図1-3 責任共有モデル

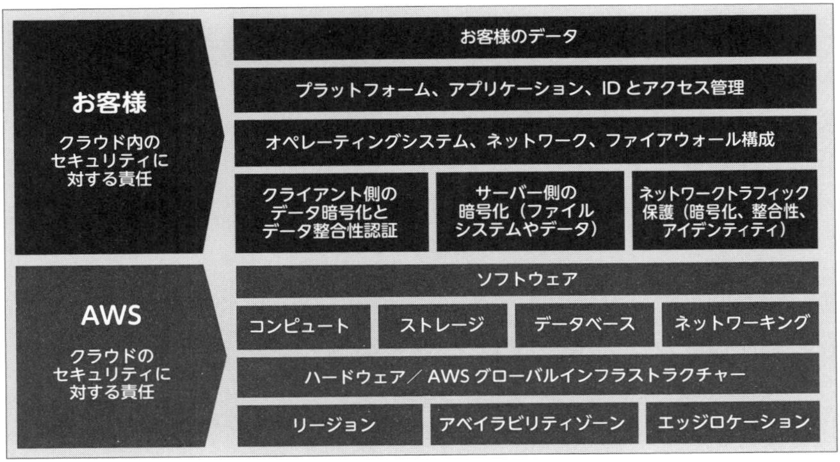

出典元：https://aws.amazon.com/jp/compliance/shared-responsibility-model/

AWS公式サイトでは責任範囲について次のように記載されています。

- **AWSの"クラウドのセキュリティ"責任**

   AWSは、AWSクラウドで提供されるすべてのサービスを実行するインフラストラクチャの保護について責任を負います。
- **ユーザー側の"クラウドにおけるセキュリティ"責任**

   ユーザーが選択したAWSクラウドのサービスに応じて異なります。IaaSやPaaS、SaaSによってユーザーの責任範囲が異なります。

　AWSサービスの責任範囲はサービスごとに異なり、主にNIST（米国国立標準技術研究所）で示されている3つのクラウドサービスモデルに分類されます。**図1-4**は「オンプレミス」と代表的な3つのクラウドサービスモデル（「IaaS」「PaaS」「SaaS」）の責任範囲をレイヤー単位で比較したものです。サービスモデルの違いによって責任範囲が異なっているのがわかります。利用するAWSサービスがどのクラウドサービスモデルに該当しているのか理解し、責任範囲に応じてセキュリティ対策を行うことが重要です。

図1-4　クラウドサービスモデル

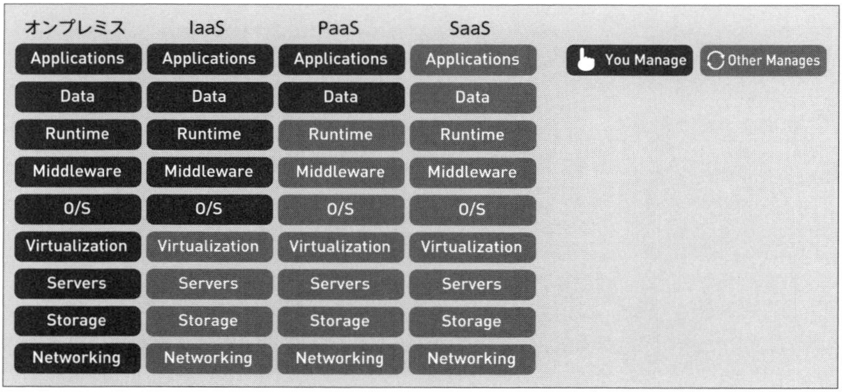

出典元：https://kinsta.com/blog/types-of-cloud-computing/

1.4　リージョン／AZ／エッジロケーション

　AWSは世界各地にクラウドサービスを提供するデータセンターを配置し、グローバルクラウドインフラストラクチャと呼ばれる安全性、信頼性に優れたプラットフォームを提供しています。ここでは「リージョン」「AZ」「エッジロケーション」の特徴を押えておきましょう。

リージョン

　リージョン（Regions；地域、区域）とは、世界中に点在するデータセンターが集積した物理ロケーションのことです。それぞれのリージョンは完全に独立して配置されているため、どのリージョンで障害が発生してもサービスそのものは継続して利用できるなど耐障害性に優れています。2021年現在、世界に25のリージョンがあり、日本国内では「東京リージョン」と「大阪リージョン」が稼働しています。

AZ

　リージョンは、複数のAZ（アベイラビリティゾーン）で構成されています（**図1-5**）。AZ間は冗長化された専用線で接続されており、安全で高速なデータ転送が行われています。また、AZは地理的に離れて配置されているため、災害などで特定のAZが使用できなくなった場合もサービスを継続することができます。

　このようなAZの特徴を生かして複数のAZにアプリケーションを冗長化し、高い可用性を実現した構成を「マルチAZ」といいます。AWSでは基本的なベストプラクティスになるので覚えておきましょう。

図1-5　東京リージョン

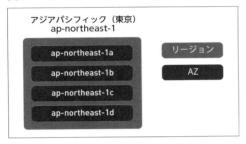

エッジロケーション

　エッジロケーションとは、利用者に対して高速にコンテンツを届けるCDN（Content Delivery Network）サービスを提供するための拠点です。利用者からネットワーク的に距離が近いエッジロケーションに必要なコンテンツをコピーすることで、レイテンシー（データ転送の遅延時間）を小さくすることができます。

　AWSもCDNサービスであるCloudFrontを提供するために、世界各地にエッジロケーションを配置しています。

1.5　コストの理解

　AWSのサービス料金は、使用したら使用した分だけを支払う「従量制料金」です。AWSのコスト管理では精度の高い見積もりとリソース利用量の見直しが重要です。

　AWSの料金体系はサービスごとに異なります。請求対象となる基本的なリソースは**表1-1**のとおりです。

表1-1　請求対象となる基本的なリソース

リソース	主な請求対象
コンピューティング	サーバー実働時間、マシン構成（OS、CPU、メモリなど）
ストレージ	ストレージ利用量、データバックアップ
ネットワーク	データ転送（アウトバウンド通信）

AWS Pricing Calculator （料金見積もりツール）

　AWS Pricing Calculatorは、AWSサービスの利用条件を選択していくだけで簡単に精度の高い見積もり（Estimate）を作成できるツールです（**図1-6**）。システム構成に対する見積もりを確認したいときに利用します。

図1-6　AWS Pricing Calculator（料金見積もりツール）

AWS Cost Explorer （AWSのコストと使用量を可視化&管理）

AWS Cost ExplorerはAWSのコスト管理サービス「Billing and Cost Managementコンソール」の機能でコストデータをグラフ化し、可視化できるツールです（**図1-7**）。過去の利用状況からレポートを作成し、現在のリソース利用量の分析に利用できます。

図1-7　AWS Cost Explorer

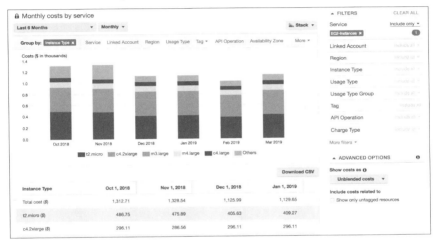

AWS Cost Explorerでできることは次のとおりです。

- 過去13ヵ月分のコストをグラフ化する
- アカウントやサービスごとにフィルタリングしてデータを表示する
- リソースの利用状況に無駄遣いがないか確認する
- 過去の利用状況から今後3ヵ月間のコストを予測

　また、取得したコストデータから現状を把握したあとは、コスト削減のため次のポイントを参考に確認してみましょう。

- 利用時間外に停止できるリソースはないか
- 削除してもよい不要なリソースはないか
- リザーブドインスタンスやSavings Plans（長期利用、前払いの割引プラン）を利用できるリソースはないか

COLUMN

新人AWSエンジニアに求められること

　みなさんが現場に配属されても、当然、新人エンジニアには即戦力は求められていないので安心してください。その代わりに、「調べる力」「説明する力」を養ってほしいため技術調査をされることが多いです。上司や先輩によってはすでに答えを調査済みであることもあります。そのため、「一生懸命調べる」「わからないことはわからないと伝える」「何がわからないのか具体的に伝える」の3つを心がけてみてください。上司や先輩は想像している以上に新人には優しいです。3つの心がけができていれば助けてくれるはずです。当然、技術調査でわからない単語はリストアップしてわからないままにしないことが大切です。

技術調査とは

　サービスの概要や機能を調査し、調査を依頼した方への説明資料を作成します。今まで学んできたことを現場で聞かれることもよくあります。学習期間では学べなかった「実際、この設定値ってどんな状況でいつ使うのか」のような具体的な疑問が初めて実務と結びつく瞬間でもあり、この快感は格別です。

　技術調査とは、例えば、運用しているAWSリソースの設定変更で発生する影響調査、新規AWSリソース導入に向けてのメリット／デメリット調査、CloudFormationの設定値などを調査します。

1.6 タグ戦略

タグとは、AWSリソースを管理、識別するためのラベル機能のことです。タグは「Key」と「Value」のシンプルな構成です。1つのリソースに対して複数のタグを付与できます。

AWSリソースは作成後に自動でリソースIDが割り当てられますが、リソースIDだけでは参照しているリソースがすぐに識別できず、リソース数が増えると管理も非常に困難になります。タグをうまく活用するとリソースを目的、所有者、環境などの基準別に分類し、管理を容易にできます。代表的なタグ戦略と運用例は**表1-2**のとおりです。

表1-2 代表的なタグ戦略と運用例

分類	説明	運用例
技術タグ	リソース名、システム環境などリソースを識別するための情報を設定する	KeyをNameとしてシステム名や番号を含めたタグや、KeyをEnvironmentとしてシステム環境を意味する(prod:本番環境を意味するProductionのプレフィックス)タグなどを付与する **Key / Value** Name / ec2-cloud-tech-1 Environment / prod
ビジネスタグ	プロジェクト名、リソース管理者名などプロジェクト管理に利用する情報を設定する	KeyをPurposeとしてプロジェクト名を設定したり、KeyをOwnerとしてリソースの管理者を明確にしたタグを付与する **Key / Value** Purpose / kws-project Owner / admin
オートメーションタグ	プログラムに参照させて、起動や停止などのプロセスを自動化する	KeyにEC2-StartとEC2-Stopを用意しValueに時間を意味する0900などの値を設定したタグを付与し、プログラムから読み取らせる **Key / Value** EC2-Start / 0900 EC2-Stop / 1800
コスト配分タグ	コスト配分タグとは、リソース別のコストをグルーピングする	技術タグやビジネスタグなどをコスト配分タグとして使用するには、Billing and Cost Managementコンソールの機能で有効化する必要がある。コスト配分タグとして登録することで、Cost Explorerから対象のタグを指定してグルーピングできるようになる

Webシステムはどのように動いているか

　Webシステムは、ユーザー（Webブラウザなど）とサーバー間で行う、大量かつ高速なデータのやり取りで成り立っています。

　例えば、あなたがGoogleのサイトで検索したとしましょう。検索操作はインターネットを介して、Googleのサーバーに送信されます。Googleのサーバーは、入力された検索条件に一致するWebサイトの一覧を作成し、ユーザーに返しています。このとき、ユーザーからサーバーに対して送信されるデータをリクエスト（要求）といい、サーバーからユーザーに対して返却されるデータをレスポンス（応答）といいます。

　このように、ユーザーがWebブラウザなどで行うさまざまな操作によるリクエストをサーバーが受け取り、必要な処理を行った結果をレスポンスすることでWebシステムは動いているのです。

Web 3層アーキテクチャとは

　Webシステムの設計をするにあたり、負荷分散やレスポンスの向上は必須要件となります。AWSにおいても、ベストプラクティスとして公開されているWeb 3層アーキテクチャについて紹介します。

　Web 3層アーキテクチャは、物理的なサーバー1台に1つの機能を持たせ、その名のとおり、3層に分けてサーバーを配置する構成のことで、第1層から順に「Webサーバー」「アプリケーションサーバー」「データベースサーバー」となっています（**表1-A**）。

表1-A　Web 3層アーキテクチャ

	分類	サーバー呼称	説明	補足
1	プレゼンテーション層	Webサーバー	リクエストが静的コンテンツの場合はレスポンスを返却する。リクエストが動的コンテンツの場合は、自身では処理ができないためアプリケーションサーバーにリクエストする。	静的コンテンツとは、いつ、誰が、どこで見ても同じ内容のデータ。例えば、文章や画像、コーポレートサイトの会社概要ページなど
2	アプリケーション層	アプリケーションサーバー	動的コンテンツを提供する。プログラムを処理するうえで、データの参照や更新を必要とする場合に第3層のデータベースサーバーにリクエストする	動的コンテンツとは、ユーザーや閲覧する時期などによって内容が変化するものを指し、問い合わせフォームや検索画面などユーザーの入力によってレスポンス内容を生成する
3	データ層	データベースサーバー	アプリケーションサーバーからのリクエストに応じて、データを検索／更新してレスポンスを返却する	アプリケーション（プログラム）内で利用されるユーザーIDやユーザー名、パスワードなど多くのデータを保管する

2

Amazon EC2

安全でマシンスペックが変更可能なコンピューティング
性能をクラウド内で提供するWebサービス

　　Amazon EC2はコンピュータの性能を柔軟に変更できるWeb
サービスです。ただし、柔軟に使いこなすためには、覚えておくべ
き事柄をきちんと理解しておく必要があります。本Chapterでは、
設定するのに必要な項目のほか、基本的なITインフラ技術について
も説明しています。

EC2

たまにメンテナンスが必要ながんばり屋さん
キーペア（あいことば）忘れないでね。

必要なときにすぐに使えるコンピュータ

サーバーを構築したいとき、従来であれば物理的なコンピュータを購入する必要があった。EC2は必要なスペックのコンピュータリソースをほしいときにすぐに手に入れることができる。一般的なレンタルサーバーより自由度が高く、独自の構成を作ることができる。

すぐに使える

カスタム自由

初期投資が安い

インスタンスタイプ

EC2のサーバースペックはインスタンスタイプによって決まる。インスタンスタイプごとにCPUの種類や数、メモリサイズが異なり、さまざまな種類の中から必要なスペックを選ぶことができる。

C5.xlarge

インスタンスサイズ
階級のようなもの。大きなサイズのEC2はCPUの数が多く（頭がいい）、メモリサイズが大きい（作業スペースが広い）。

インスタンスファミリー
部隊編成の違いのようなもので、インスタンスファミリーごとにメモリ最適、バースト可能などの特徴がある。

使った分だけ料金を払う、従量課金制

物理的なサーバーを買うと初期費用が高く、スペックがなかなか変えられない。しかしEC2なら使った時間に対してのみ料金がかかり、不要になったらすぐに停止できる。

t2.microはアカウント作成から1年間無料枠の対象です！

2.1 EC2の特徴

　Amazon EC2（Elastic Compute Cloud）はIaaS型の仮想マシンを提供するサービスです。名称のElasticは"伸縮性が高い"という意味があり、ユーザーが望むコンピュータの能力や台数を拡張／縮小してゴムのように対応することが可能です。残りのComputeとCloudの頭文字"C"が2つ続くことから「EC2」というサービス名が付けられています。

　また、AWSクラウド内で作成した仮想サーバーはインスタンスと呼ばれ、物理的なコンピュータ名と区別されています。

　従来のオンプレミスと呼ばれる、自社で物理的にコンピュータを用意する環境では、構築する前にハードウェア機器のスペック選定から導入作業までに最低1ヵ月以上と膨大な時間と費用が発生してしまいます。それに加えて流行などにより急激にアクセス数が膨大になった場合に、物理サーバーの場合だと即座にメモリ、CPUなどのスペックやサーバーそのものの台数を増やすことは大変困難と言えます。

　しかしクラウドサービスであるEC2の場合では、Web上で必要なスペックや必要な台数を選択することで、最短数分でユーザーが欲しているコンピュータの環境を構築することが可能となります。課金対象としても原則従量課金制となっているため、インスタンスを稼働した時間とスペックに対して使用料金がかかるような仕組みとなっています。

　このような特徴から、EC2ではCPU使用率などのメトリクス（需要）に応じてサーバー台数を増減するAmazon EC2 Auto Scalingと組み合わせることがコスト最適化に効果的です。具体的には、アクセスが集中する日中では自動的にサーバーの台数を増やす一方、アクセスが少ない夜間などの時間帯ではサーバーの台数を減らし不要なサーバーコストを抑える効果が見込めます。

2.2 AMI

AMI（Amazon Machine Image）とはEC2インスタンスを構築する際に必要となる設計図（イメージ）のことです。

AMIにはコンピュータを動かすために必要なオペレーティングシステム（OS）の情報や、提供したいサービスをインストールしているサーバーソフトウェアなどの情報がテンプレートとしてまとまっており、この設計図を元にEC2インスタンスは構築されます。

AWSでは用途に応じてOSの使い分けができるように、複数のAMIが用意されています[注1]。

また、ユーザー自身が作成したEC2インスタンスからAMI（カスタムAMI）を作成／利用することもできます。作成したAMIからEC2インスタンスを構築することで、AMIの元となったインスタンスと同様の環境を複製することが可能です。

Linuxサーバー

Linuxとは狭義の意味で、OSの中心にあるLinuxカーネルだけを指す言葉です。カーネルとはハードウェアの制御、ソフトウェアの実行、リソースの管理の処理をしてくれる部分です。

しかしカーネルだけでは制御／実行／処理以外は何もすることができないため、カーネルの周囲にシェルと呼ばれるソフトウェアなどを一体化して配布します。この状態のことをディストリビューションと呼びます。通常Linuxと言った場合は、こちらのディストリビューションを指していることが多いです。

Linuxはオープンソースでもあるため、誰でも無償でカーネルに命令するための方法を閲覧可能です。そのため多くの人々がLinuxをベースにし

注1　本書ではすべてを網羅できませんが、代表的なLinuxディストリビューションやWindowsサーバーについては次章以降で説明します。

てさまざまなLinuxの派生OSを作成しました（**図2-1**）。EC2に特化している、Amazon Linux 2はLinux系（RedHat系）に属しています。

図2-1　Linuxから派生した主な3つの系統

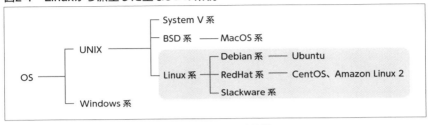

出典：https://yuki-f-oki.hatenablog.com/entry/2017/08/16/170950

Windowsサーバー

　WindowsサーバーはMicrosoft社が独自に開発し販売しているOSです。

　一般的にWindowsというと企業のオフィスなどで使用されるExcelやTeamsをイメージする方が多いかもしれません。一方、WindowsサーバーはデスクトップOSであるWindowsと外見や使い方などは似ていながらも、サーバー用途に特化しています。Chapter 4（63ページ）でも説明します。

2.3　ユーザーデータ

　ユーザーデータとは、EC2インスタンスの初期設定で使用されるテキストデータです（**リスト2-1**）。ユーザーデータをEC2インスタンスに設定することで、EC2インスタンス初回起動時にインスタンス内部のOS設定や、ソフトウェアインストールを自動化することできます。

　記述の方法はシェルスクリプトを利用する方法か、cloud-initを利用する方法があります。どちらの方法であってもインスタンスの初回起動時にのみ実行されて、自動的にインスタンスの初期化処理を実行できる便利な機能です。

リスト2-1　ユーザーデータ（例）

```
#!/bin/sh

# yum のアップデート
yum update -y

# Apache のインストール
yum install -y httpd
cp -p /usr/share/httpd/noindex/index.html /var/www/html/index.html
systemctl enable httpd
systemctl start httpd

# MySQL クライアントのインストール
yum install -y https://dev.mysql.com/get/mysql80-community-release-e17-3.noarch.rpm
yum-config-manager --disable mysql80-community
yum-config-manager --enable mysql57-community
yum install -y mysql-community-client

# AWS CLI アップグレード
curl "https://awscli.amazonaws.com/awscli-exe-linux-x86_64.zip" -o "awscliv2.zip"
unzip awscliv2.zip
./aws/install --bin-dir /usr/local/bin --install-dir /usr/local/aws-cli --update
rm -f awscliv2.zip
```

シェルの基本

　シェルとはユーザーがOSを利用する際の窓口になってくれる機能のことで、ターミナルなどのソフトウェアを使うことでシェルを通じてOSに対して命令をすることが可能になります。シェルの由来はカーネルの周りを囲っている殻（Shell）のように見えることから名付けられています。

　ちなみにターミナルはシェルを利用するための画面を提供するソフトウェアのことであるため、ターミナル＝シェルだと混合しないように注意をしましょう。

　シェルを通じてOSからユーザーにコマンドの結果を伝える方法のことを対話型（インタラクティブ）操作と呼びます。インタラクティブとは双方向性という意味を持ち、ITの分野では主にユーザーの操作に対して反応を返すといった意味で使用します。

　このようなシェルの機能を利用しながらも、毎回ユーザーがターミナルを開いてコマンドを打ち込まないで済むように、コマンドをまとめたテキストファイルのことをシェルスクリプトと呼びます。

COLUMN

ゴールデンイメージ方式とユーザーデータ方式

　ユーザーデータを利用しない「ゴールデンイメージ方式」もあります。ここでは、それぞれのメリットとデメリットを見ていきます。

ゴールデンイメージ方式

　すべての設定が済んだAMIから起動する方法は、ゴールデンイメージ方式と呼ばれます。このメリットはすでにソフトウェアをインストールしているため、インストールの時間を必要とせず素早くインスタンスを準備することができます。デメリットは、AMIの管理が煩雑になる点が挙げられます。EC2インスタンスに新しい設定をするたびにAMIを取得する必要があり、自動的にEC2を増やすようなサービスを利用している場合、そちらのサービスにも新しいAMIを利用する設定をしなければなりません。

ユーザーデータ方式

　ゴールデンイメージ方式に対して空のインスタンスを起動したうえでユーザーデータで設定していく方法は、ユーザーデータ方式と呼ばれます。メリットはユーザーデータで更新した内容を管理することができるため、管理画面を見ることで、いつ、どのような設定をしたのかということを把握できます。デメリットはユーザーデータに記載された内容を、逐次インストールしながら構築するためにインスタンスが利用可能な状態になるまでに時間がかかることが挙げられます。

　それぞれ一長一短があり、どちらかだけを利用するという考えではなく、将来変更する可能性が低いものはGoldenAMIを作成しながら、変更可能性が高いものはユーザーデータで設定していくなどの運用も考えられます。

cloud-init

　cloud-initとは、仮想インスタンスのシステム起動時に初期設定を自動化してくれるツールで、現在では一般的なツールになっていますが、作成された背景にはAmazon EC2が大きく関わっています。

　AWSなどにおけるクラウド技術の発展もあり、コンピュータにLinux OSなどをインストールすることは大変簡単になりましたが、OS内部の構築が不要になったわけではありません。自動的にコンピュータ側で設定してくれる箇所は増えているものの、ユーザー名やパスワードなどの設定は今後もなくなることはないでしょう。

　クラウドで簡単に立ち上げられるということは、多くのインスタンスを作成できるようになるということです。一方、作成するたびに1台ずつインスタンスを設定することは大変煩雑な作業であり、人的なミスも増える可能性があります。

　そのような煩雑さを取り除こうと、自動化できるものは自動化していこうという観点からcloud-initは誕生しました。当初はec2-initという名称が付けられており、名前からもわかるようにEC2専用のツールとして作成されました。

　cloud-initを利用することで、具体的にはインスタンスの名前であったりタイムゾーンの設定や、ソフトウェアを管理して常に最新の状態を維持するためのコマンドを記述することも可能になり、インスタンスに対して細かい設定の反映を自動化できます。

ログインシェルとログアウトシェル

　コンピュータを起動してログインする際にユーザー名とパスワードが聞かれますが、その動きをしているのがログインシェルと呼ばれるものです。ログインシェルはログインするときにだけ実施され、ユーザーがコンピュータを使い始める前に、ユーザーごとに設定している値を読み込ませる初期化処理を行うことが主な仕事となります。ここでは、Linuxの標準

的なbashを使用したログイン処理について説明します。

コンピュータにログインすると、最初にすべてのユーザーに対して共通の値が「/etc/profile」によって設定されます。次に、各ユーザーで決められた値が「~/.bash_profile」によって設定されます。もしこのファイルが見つからない場合には「~/.bash_login」、「~/.profile」の順番に読み込み、最初に設定値が書かれているファイルのみが読み込まれ、各ユーザーの環境を構築していきます。

この「~/.bash_profile」には、環境変数を設定している場合が多く見られます。環境変数とはOSが利用できるデータ共有機能の1つで、どのディレクトリやファイルからでも参照することができる設定値です。用途としては外部に漏らしたくない情報を環境変数にセットしておくというものがあります。

具体的にはAWSのサービスに対してターミナルを利用して操作することができるAWSコマンドラインインターフェイス（CLI）というツールを利用する際などに、操作に必要となるアクセスキーやシークレットアクセスキーといった個人が管理する値を環境変数に設定しておきます。そうすることで、ログインシェルが起動すると自動的にbash_profileに記述されている環境変数を読み込んでくれて、毎回アクセスキーやシークレットアクセスキーを打ち込まなくても、AWS CLIを利用できるように設定できます。

そして最後にログインシェルを停止させるためには、ログアウト時に1度だけ実行し終了させるためのログアウトシェルというものも存在します。

シェルスクリプトの基本

シェルスクリプトは、シェルを利用してOSで処理をするための一連のコマンドをファイルにまとめたものです。利用できるシェルは大まかに分類するとBシェル系（bash、ksh、zsh）とCシェル系（csh、tcsh）があります。その中でも多く現場で利用されているのは「bash」です。

ログインシェルのようにシェルスクリプトを使えば、膨大な処理（作業）を自動化できます。例えば、サーバーを立ち上げる際には多くのシェルコ

マンドを利用して設定する必要がありますが、利用するコマンドを順番に
並べたシェルスクリプトでも作業を自動化できます。

■ 簡単なシェルスクリプト

ここでは簡単なシェルスクリプトを紹介します（**リスト2-2**）。

リスト2-2　簡単シェルスクリプト例（shellscript.sh）

```
01: #!/bin/bash
02:
03: read NAME
04: echo "Hello $NAME !"
```

1行目の「#!」で始まるシバンと呼ばれる文字列は、このシェルスクリ
プトはbashを利用して解釈／実行されるという宣言をしています。3行目
のreadコマンドはキーボードからの入力を読み取り、その値を今回では
NAMEという変数に保存しています。そして、4行目のechoコマンドで指
定した文字列を出力します。文字列内の$マークはNAME変数に代入して
いる値を取り出すという意味があります。

ターミナルで実行すると**コマンド2-1**のようになります。

コマンド2-1　リスト2-2の実行結果

```
% bash shellscript.sh Enter
Gihyo Enter
Hello Gihyo !
```

まずbashコマンドを利用してシェルスクリプトが書かれているファイル
名を指定して実行します。そうするとreadコマンドが実行されキーボード
からの入力待ちの状態となるので、ここではGihyoという名前をキーボー
ドで打ち込み、Enterキーを押します。echoコマンドの出力ではNAMEに
はGihyoが格納されているがわかります。

2.4 インスタンスメタデータ

インスタンスメタデータとは、EC2インスタンスの内部からのみアクセス可能なインスタンスに関するデータのことを指します。

「メタ」には「超越した」などの意味が含まれており、インスタンスを管理している側の情報を実行中のEC2インスタンスが利用することで、自身の設定を変更することが可能です。

インスタンスメタデータの一例として、インスタンスIDや、インスタンスのパブリックIPアドレスなどが挙げられます。EC2インスタンスからは自分がどのようなIDやIPアドレスを付けられて管理されているのかはわかりません。このようなサーバーの内部情報を利用したい場合に使われるのが、インスタンスメタデータです。

取得する方法

実行中のEC2インスタンスのブラウザからリンクローカルアドレス（特殊なIPアドレス）「http://169.254.169.254/latest/meta-data/」や、curlコマンドを使用して確認できます。

EC2インスタンスを起動する際にインスタンスメタデータを利用する方法

EC2を構築しただけでは自身のパブリックIPアドレスを取得できません。インスタンスメタデータを利用することで自身に付与されるパブリックIPアドレスを取得し、インスタンスに対してタグを付けることができます。

リスト2-3のスクリプトをユーザーデータに設定することでEC2インスタンスでは確認できなかったパブリックIPアドレスを初回起動時に自動的に取得しタグ付けすることが可能になります。

リスト2-3　インスタンスメタデータ（例）

```
AWS_REGION=$(curl http://169.254.169.254/latest/meta-data/placement/region)
AWS_INSTANCE_ID=$(curl http://169.254.169.254/latest/meta-data/instance-id)
PUBLIC_IP=$(curl http://169.254.169.254/latest/meta-data/public-ipv4)
aws ec2 create-tags ¥
  --resources $AWS_INSTANCE_ID ¥
  --region $AWS_REGION ¥
  --tags Key="Public IP", Value=$PUBLIC_IP
```

　Amazon CloudWatch（169ページ）などの監視サービスであっても、このインスタンスメタデータからの情報を利用することで、どのEC2インスタンスからの監視情報であるかを判断できるようになります。

2.5　インスタンスタイプ

　インスタンスタイプとは、EC2の性能を決定するための要素であるCPU、メモリ、ストレージ、ネットワークパフォーマンスの組み合わせのことです。各インスタンスタイプは、「インスタンスファミリー」と「インスタンスサイズ」の組み合わせで構成されています。

　インスタンスファミリーでは「汎用」「コンピューティング最適化」などの用途を決定し、インスタンスサイズでは「CPU」「メモリ」などの具体的なスペックを決定します。

　業務要件に合わせてリソースサイズを選択できます。再起動が必要となりますが、後からインスタンスタイプを変更できます。インスタンスタイプには、それぞれ英数字を組み合わせた名称が付いています。具体的なインスタンスタイプの種類などは次のサイトで確認できます。

● Amazon EC2——インスタンスタイプ

　　https://aws.amazon.com/jp/ec2/instance-types/

COLUMN

コンピュータを構成するもの

CPU

　CPU（Central Processing Unit；中央処理装置）は、人間の脳に例えられ、他の装置／回路の制御やデータの演算などを行うための装置です。CPU性能の指標の1つとして「コア数」というものがあり、同じCPUであれば、数が多くなるに従って処理性能が向上します。

　EC2ではCPUのコア数はvCPU（virtual CPU）という単位で表します。

メモリ

　メモリ（Memory）は、CPUから直接読み書きすることができる記憶装置です。通常はメインメモリ（主記憶装置）のことを略してメモリと呼んでいます。メモリの読み書きは非常に高速ですが、記憶されている内容は、コンピュータの電源を切ると失われてしまいます（揮発性と言います）。

ストレージ

　ストレージ（Storage；外部記憶装置）は、メモリとは異なり、通電しなくても記憶内容が維持される記憶装置です。コンピュータが利用するプログラムやデータなどを長期間に渡って保存します。HDDやSSDもストレージの一種です。

　EC2ではストレージにEBS（Elastic Block Store）を利用できます（次節で解説します）。

NIC

　NIC（Network Interface Card）はコンピュータをネットワークに接続するための拡張装置です。EC2インスタンスが他のサーバーやネットワーク機器と通信するためにはNICが必要となります。EC2ではインスタンスタイプに応じて、数Gbps～数十Gbpsの速度のものが割り当てられます。

2.6　EBS

　Amazon EBS（Elastic Block Store）は、EC2インスタンスにアタッチ（接続）して利用するブロックストレージサービスです。KMS（AWS Key Management Service）を使用したディスクデータの暗号化やスナップショットを使用したバックアップ／リストア機能などを備えており、すべてのボリュームは99.999%の可用性を実現するように設計されています。しかし、耐久性はボリュームの種類で異なるため要件に合わせて適切なボリュームを設計します。

　EBSは、OSやアプリケーションの配置場所やファイルシステムなどさまざまな用途で利用されており、その役割は家庭用PCのHDDや物理ストレージに相当します。

　EBSでは、HDDとSSDタイプのボリュームをサポートしています。

SSD

　サイズの小さいI/O操作を高頻度に処理する場合に利用します。「汎用SSD」と「プロビジョンドIOPS SSD」タイプが存在します。主に、ディスクI/Oの多いデータベースやアプリケーションなどで利用されます。

- 汎用SSD：EC2作成時にデフォルトでアタッチされる。特別な要件がないかぎり、一般的には汎用SSDを利用する
- プロビジョンドIOPS SSD：汎用SSDより高性能で、汎用SSDでは処理しきれないI/O性能が要求される場合に利用する（その分、費用は割高に設定されている）

HDD

　サイズの大きいI/O操作を処理する場合に利用します。「スループット最

適化HDD」と「Cold HDD」タイプが存在します。主に、データサイズの大きいログ処理やビックデータ向けのデータストアなどで利用されます。

- スループット最適化HDD：安定したスループットを要求する場合に最適。I/Oサイズが大きく、アクセス頻度が高い場合に利用する
- Cold HDD：大容量かつアクセス頻度が低いデータを格納することに最適で、もっとも低コストなボリュームタイプ

2021年7月現在の各ボリュームの耐久性や性能は**表2-1**のとおりです。

表2-1 EBSボリュームの種類ごとの特徴

カテゴリ	ボリュームタイプ	耐久性	ボリュームあたり	
			最大IOPS	最大スループット（MiB/秒）
汎用SSD	gp3	99.8〜99.9%	16,000	1,000
	gp2	99.8〜99.9%	16,000	250
プロビジョンドIOPS SSD	io2 Block Express	99.999%	256,000	4,000
	io2	99.999%	64,000	1,000
	io1	99.8〜99.9%	64,000	1,000
スループット最適化HDD	st1	99.8〜99.9%	500	250
Cold HDD	sc1	99.8〜99.9%	500	250

参考：https://docs.aws.amazon.com/ja_jp/AWSEC2/latest/UserGuide/ebs-volume-types.html

ファイルシステム

　ファイルシステムは、OSの機能の1つで、HDDなどの記憶装置に保持したデータを管理／操作しやすくなる仕組みです。ファイルシステムのおかげで、人間にわかりやすいディレクトリやファイルといった単位でデータを読み書きできます。そのほかには、暗号化機能やディレクトリ／ファイル単位でのアクセス権の設定、圧縮機能などを備えているファイルシステムもあります。

それぞれのOSはすべてのファイルシステムに対応しているわけではありません。そのため、利用するOSに応じてファイルシステムを選択する必要があります。2021年7月現在、各OSに対応した主なファイルシステムは次のとおりです（OSのバージョンにより対応しているファイルシステムが異なる場合があります）。

- Windows10の場合：NTFS、FAT32、exFATなど
- macOSの場合：FAT32、exFAT、HFS、HFS+、APFSなど
- Linuxの場合：FAT32、ext4、XFSなど

ディレクトリ

ここでは、Linux系OSのディレクトリ構成の標準規格であるFHS（Filesystem Hierarchy Standard）3.0を元に説明します。ルートディレクトリ直下には、必須とされているディレクトリ（14つ）とLinux固有のディレクトリ（2つ）があります（**表2-2**）。

RAID

RAIDは、Redundant Arrays of Inexpensive（Independent）Disksの略で、複数台のHDD/SSDを1つのドライブのように認識させる技術です。次のような目的で利用され、RAID 0からRAID 6まで7種類のレベルがあります。

- 冗長化による可用性の向上
- 複数台に負荷を分散することでデータの書き込み速度を高速化

表2-2　FHS3.0のディレクトリ構造

ディレクトリ	Linux固有	説明	例
/bin		バイナリ（binary）の略。基本的なコマンド群の格納先	ls、cat、mkdir
/boot		システムの起動に必要なファイルの格納先	
/dev		デバイス（device）の略。ハードウェア機器を表すファイルの格納先	キーボード、マウス
/etc		etceteraの略。システムの設定ファイルの格納先	/etc/nginx/nginx.conf など
/lib		共有ライブラリ（library）やカーネルモジュールの格納先	Ubuntuのapt、OpenSSH、python
/media		外部の記録媒体のマウントポイント	CD-ROM、USB
/mnt		システム管理者のための一時的なファイルシステムのマウントポイント	
/opt		オプション（option）の略。追加でインストールしたソフトウェアやパッケージの格納先	Chromeブラウザ、Adobe Reader
/run		起動した後のシステム情報の格納先	PIDファイル。ソケットファイル
/sbin		ルートユーザーのみが実行できるプログラムの格納先	ifconfig、iptables
/srv		特定のサービスに関するデータの格納先。特定の利用用途は定められておらず、データファイルを適切に配置することで、そのファイルを探しやすくする目的で利用される	
/tmp		一時的（temporary）なファイルの格納先。再起動時に空になる	
/usr		全ユーザーが共通で利用するプログラムやライブラリ等、読み取り専用かつ共有可能なファイルの格納先	
/var		可変（variable）データファイルの格納先	ログ、一時ファイル
/proc	○	プロセス（process）の略。プロセスやメモリなどのシステム情報の仮想ファイルシステム	cpuinfo（CPU 情報）。meminfo（メモリ情報）
/sys	○	システム（system）の略。デバイス、ドライバ、および一部のカーネル機能に関する情報の格納先	/block（ブロックデバイスのサブディレクトリ）

RAIDの仕組み

RAIDはストレージを理解するうえで基本的な要素です。ここでは、よく利用されるRAID 0、RAID 1、RAID 5、RAID 6の仕組みを説明します。

RAID 0

データをブロック単位に分割し、複数のドライブに分散させて記録する方式で「ストライピング」とも呼ばれます（図2-A）。これによりデータを高速に読み書きすることができます。ただし、冗長性がなく、ドライブが1台でも故障した場合には、データを復旧することができなくなります。

RAID 1

同じデータをコピーして2つのドライブに並列に記録する方式で「ミラーリング」とも呼ばれます（図2-B）。1台のドライブに障害が発生しても、処理を継続できる耐障害性の高さがメリットです。反面、同じデータを二重で保存するため、2つのドライブで1台分の容量しか利用することができず、ドライブの利用効率は低いです。

RAID 5

データをブロック単位に分割し複数のドライブに記録し、その際、同時にエラー修復用の冗長コードを生成し書き込む方式です（図2-C）。冗長コードにはパリティコードが採用されており、パリティを各ドライブに分散して書き込みます。RAID 5では、1台のドライブに障害が発生しても、処理を継続することが可能です。

RAID 6

基本的にはRAID 5と同様ですが、パリティデータを二重で作成、それらを異なるドライブに記録することで耐障害性を高めた方式です（図2-D）。RAID 6では、2台のドライブに障害が発生しても、処理を継続することが可能です。

図2-A RAID 0（ストライピング）のイメージ

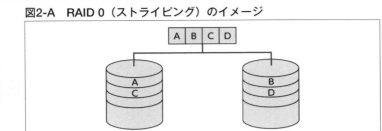

図2-B RAID 1（ミラーリング）のイメージ

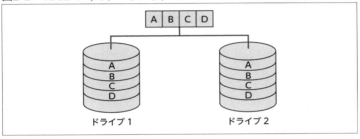

図2-C RAID 5のイメージ

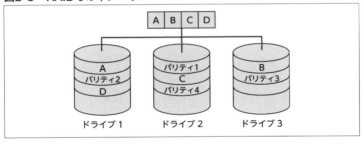

図2-D RAID 6のイメージ

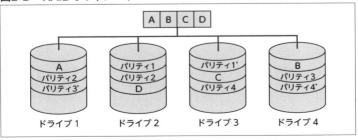

スナップショット

　ユーザーが誤ってデータを削除した場合など、RAIDを構築するだけでは復旧できない障害があります。そのような場合に備え、データのバックアップを取得しておくことが重要です。

　バックアップには、一般的に「フルバックアップ」「差分バックアップ」「増分バックアップ」があります。

　フルバックアップは、すべてのデータを完全に複製する方式です。実行のたびに、すべてのデータを複製する必要があり時間がかかる一方、バックアップデータが1箇所にまとめられており復旧が簡単です。

　差分バックアップは、最新のフルバックアップ以降のすべての変更を毎回複製する方式です。複数世代バックアップデータを残す場合にデータ容量を圧迫しますが、フルバックアップと1つのバックアップデータのみで復旧することが可能です。

　増分バックアップは、前回のバックアップ以降の変更分のみを複製する方式です。世代を複数残す場合でもデータ容量を圧迫しませんが、フルバックアップに加え、複数のバックアップデータを参照して復旧する必要があります。

　EBSではスナップショットを作成することで、ボリュームデータをAmazon S3にバックアップすることができます。EBSスナップショットは増分バックアップであり、最後に作成したスナップショットから変更のあるブロックのみを増分バックアップします。

クラスタリング

　OSやミドルウェアなどの障害が発生した場合には、クラスタリングで冗長化することで障害に備えることができます。クラスタリングとは、複数台のサーバーを連結し、1つの大きなサーバーのように振る舞わせる技術です。クラスタリングを構成している各サーバーをノードと呼びます。

　クラスタリングにはHA（High Availability）クラスタやHPC（High

Performance Computing）クラスタがあります。HAクラスタは、サーバーを複数台使用して冗長化することにより、可用性（Availability）を高めることを目的としたクラスタリングで、「フェイルオーバークラスタ」や「負荷分散クラスタ」があります。

■ フェイルオーバークラスタ

　稼働中のノード（現用系）が障害により停止した場合、待機系のノードに処理を引き継ぎ、全体として処理を継続させることができます。障害を検知し、現用系から待機系に処理を引き継がせる仕組みをフェイルオーバーと呼びます。

■ 負荷分散クラスタ

　ロードバランサと呼ばれる装置が、クライアントからのリクエストをどのノードに処理させるのかを決め、リクエストを振り分けます。複数台のノードに負荷を分散し、アクセス集中による過負荷を回避することができます。

ストレージの種類

　EBSは、EC2インスタンスにアタッチして利用するブロックストレージです。ストレージにはいくつか種類があり、ブロックストレージはその1つです。

　扱うデータの傾向やプロトコルに差異があるなど、ストレージの種類ごとに特性があります。その特性を理解することで、利用用途に応じて適切なストレージを選択できるようになります。ここでは、データのアクセス方式でストレージを分類して説明します。

■ ブロックストレージ

　ブロックストレージは、ストレージをボリュームという単位に分割し、さらに固定長のブロックという単位に分割してデータを管理するストレー

ジです。

　ブロック単位でデータにアクセスする場合、ファイルのように細かく属性情報を付与することは原則できません。しかし、大容量のデータを高速に転送できるといった特徴があります。そのため、低遅延が求められるデータベースシステムや、業務システムなどで広く利用されています。

■ ファイルストレージ

　ファイルストレージは、ファイルという形式で作成したデータを管理するストレージです。ディレクトリを用いて階層的にデータを管理することができるため、直感的に運用することができます。

　ファイルストレージは、ファイルサーバーなど共有ファイルシステムを利用するさまざまな場面で広く利用されます。しかし、ファイル共有機能やファイルシステム機能を処理するため、ブロックストレージに比べ処理速度は劣ります。

■ オブジェクトストレージ

　オブジェクトストレージは、ドキュメントや画像、音声データなどの非構造化データをオブジェクトとして扱うストレージです。オブジェクトストレージはフラットなアドレス空間にオブジェクトを保存します。

　オブジェクトストレージは、ブロックストレージやファイルストレージと異なり、物理的なケーブルや、LANなどネットワークを介してデータにアクセスするわけではありません。HTTPプロトコルをベースとするREST形式のAPIを利用して、オブジェクトにアクセスします。そのため、データへのアクセス速度はもっとも遅いです。しかし、オブジェクトがフラットに保存されているため、ファイルストレージのような階層構造をもつファイルシステムを必要とせず、容量の拡張性に優れているという利点があります。

　データへのアクセス速度は遅いが、容量の拡張性は高いことからアプリケーションログなど更新頻度の低い大容量データの保管目的などで広く利用されています。

2.7 EFS

Amazon EFS（Elastic File System）は、フルマネージド型のネットワークファイルストレージサービスです。オンプレミスのネットワーク接続ストレージ（NAS）に相当するサービスです。

EFSは、99.999999999%（イレブンナイン）の耐久性を実現するように設計されています。また、デフォルトでは、ファイルシステム内のデータは複数のAZに冗長的に保存されるなど、高い耐久性と高可用性を実現しています。

EBSは、基本的に1つのEC2インスタンスにアタッチして利用されるブロックストレージでした。一方、EFSはファイルストレージであり、共有ファイルシステムを前提としていることからも、1～数千のEC2インスタンスからの同時アクセスに対応しています。

ファイルシステム内のファイルには頻繁にアクセスされるものとそうではないものがあります。EFSでは、そのようなアクセス頻度の差や冗長性の差に対応したいくつかのストレージクラスが存在します。

- 標準ストレージクラス
- 標準 — 低頻度アクセスストレージクラス（標準 — IA）
- 1ゾーンストレージクラス
- 1ゾーン低頻度アクセスストレージクラス（1ゾーン — IA）

標準ストレージクラス、標準 — IAでは、複数のAZにまたがり冗長化して保存されます。それに対して、1ゾーンストレージクラス、1ゾーン — IAでは、データは1つのAZ内に保存されるという差異があります。

1ゾーンストレージクラス、1ゾーン — IAでは、標準ストレージクラス、標準 — IAより安価で利用できる反面、ファイルを読み書きするたびに追加で料金が発生します。

2.8　FSx

Amazon FSxは、サードパーティ製のファイルシステムを提供するフルマネージド型のサービスです。EFSとFSxはどちらもAWSのファイルストレージサービスですが、両者にはサポートしているプロトコルなどに差異があります。

EFSはNFSv4のみをサポートしており、Windowsのファイル共有で利用されるSMBプロトコルには対応していません。そのため、Windowsベースのエンタープライズ向けアプリケーションで利用する場合、Amazon FSx for Windows File Serverを利用します。Linuxベースのアプリケーションでファイルシステムが必要な場合、EFSを利用します。

FSxでは2つのファイルシステムをサポートしています。

■ Amazon FSx for Windows File Server

SMBプロトコルを介してアクセスできるWindows Server上に構築されたファイルストレージサービスです。また、Microsoft AD（Active Directory）と連携して、既存のWindows環境と統合できます。

■ Amazon FSx for Lustre

高性能ファイルシステムであるLustreを使用したファイルストレージサービスです。Lustreは、HPCクラスタで利用されるオープンソースの分散ファイルシステムです。低遅延かつ、高スループットであり、処理速度が重要な場面で利用されます。

2.9 Systems Manager

AWS Systems Managerとは、EC2などのAWSリソースやオンプレミスの
インフラストラクチャを管理／制御するためのサービスです。Systems
Managerを利用することで、リソース状況の可視化、定型作業の実施／自
動化、アプリケーションの設定管理などを実現することができるようにな
ります。

いくつかのサービスを組み合わせて、同様の内容を実現することは可能
ですが、AWS上でその内容を統合的に管理／制御できることがSystems
Managerの魅力です。

Systems Managerにはいくつか機能がありますが、その機能タイプによ
り次のように分類されます。

● 高速セットアップ
● 運用管理
● アプリケーション管理
● 変更管理
● ノード管理
● 共有リソース

例えば、運用管理の機能の1つであるIncident Managerを利用して、障害
発生時において、復旧作業を自動化したり、対応方法や改善策を管理する
ことができます。これにより、障害発生から解決までの顛末を統合的に管
理できるようになります。

また、ノード管理の機能の1つであるSession Managerを利用することで、
EC2インスタンスのインバウンドポートの開放や踏み台サーバーを準備す
ることなく、ブラウザからシェルアクセスを実現することができます。

2.10　キーペア

　インターネットで情報をやり取りするには、情報自体を第三者から盗まれないようにすることが重要となります。

　送信するデータ（文字列）を第三者に解読不可能な文字列に置き換える暗号化や、暗号化した状態から本来の文字列に戻す復号化をするために、「鍵」を利用します。

共通鍵暗号方式の問題点

　暗号化と復号化で同じ鍵を使用することを、共通鍵暗号方式と呼びます（**図2-2**）。しかし、共通鍵暗号方式では情報を送信するユーザーと、受信するユーザーがそれぞれ同じ鍵を持たなければならず、共有する鍵自体が盗聴されていたら、どんなに難しい暗号化をしても共通鍵を持っているため解読されてしまう鍵配送問題と呼ばれる問題が発生します。

図2-2　共通鍵暗号方式（イメージ）

　そこで生み出されたのがキーペアと呼ばれる公開鍵（パブリックキー）と秘密鍵（プライベートキー）を利用した、公開鍵暗号方式と呼ばれる方法です。2本の鍵が1組の対の関係で利用するため、キーペアという名前が付けられています。

公開鍵暗号方式の仕組み

　公開鍵暗号方式を利用して情報のやり取りの流れを確認していきましょう（**図2-3**）。公開鍵暗号方式では公開鍵と呼ばれる暗号文を作り出す鍵と、その対になる秘密鍵と呼ばれる暗号文を元に戻す鍵を利用します。

① 情報を受信する側が公開鍵と秘密鍵を作成して、情報の送信者に暗号化をするための鍵である公開鍵を渡す
② 送信者は公開鍵を利用して送りたい情報を暗号化する
③ 公開鍵で暗号化された情報を、情報を受信する側の人へ送信する
④ 情報を受信した側は秘密鍵を利用して復号化をしていく。この際秘密鍵は誰とも共有されていないので、送信者が送った情報は受信者しか見ることができない

図2-3　公開鍵暗号方式（イメージ）

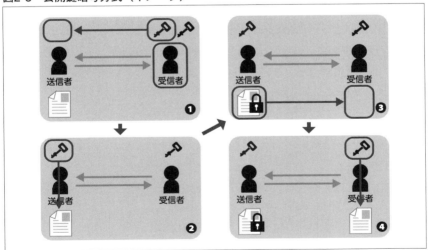

　この流れからも、公開鍵は名前の通り誰にでも公開している鍵なのでいくらでも渡してもかまいませんが、秘密鍵に至っては情報を受信する人しか持っていないことで情報の完全性や機密性が担保されます。

　ちなみに公開鍵から秘密鍵を割り出すことは論理的には可能となっていますが、それには膨大な計算のリソースとコストが発生するため現実的ではありません。

暗号アルゴリズム

　暗号アルゴリズムとは暗号化を行う手順・ルールのことであり、アルゴリズムの種類によって暗号の強度は変化します。この暗号アルゴリズムは前述している共通鍵暗号方式と公開鍵暗号方式によって、大きく2つに分けることが可能です。

■ 共通鍵暗号方式

　共通鍵暗号方式は、暗号化と復号化を同じ鍵を利用して行う暗号の方式です。この共通鍵を作り出す際に使用される代表的なアルゴリズムに「AES」という暗号化技術があります。

　AESとはAdvanced Encryption Standardを略したもので、米国の国立標準技術研究所（NIST）が1997年に公募を行い選出されました。このことからも実質的に世界標準の暗号となり、共通鍵暗号ではデファクトスタンダードとなっています。

　名前のとおり、同じ鍵を利用するため、公開鍵暗号方式と比較すると暗号化や復号化の処理にかかる負担が小さくなります。そのため無線LANの暗号化通信などでは公開鍵暗号を利用して共通鍵自体をやり取りし、処理自体は共通鍵暗号で通信データを暗号化して処理を高速に行うハイブリッド暗号などが利用されています。

■ 公開鍵暗号方式

　公開鍵暗号方式は、暗号化するための公開鍵と復号化するための秘密鍵のキーペアを利用する暗号方式でした。こちらの暗号化する際の代表的なアルゴリズムとしては「RSA」という暗号化技術があります。

　RSAは（Rivest、Shamir、Adleman）の3人に開発されたことから、それ

それの頭文字にちなんで命名されました。1977年に発明された世界で初めて開発・実用化された公開鍵暗号です。この公開鍵暗号はデジタル署名という技術に応用することも可能となっています。方法としては暗号化と逆に、秘密鍵を持っている側が自身の署名と電子データを暗号化します。

署名を受け取った側は公開鍵を利用して署名と電子データを復号化していきます。もし復号化できれば公開鍵と秘密鍵が対になっていることが判明します。秘密鍵は情報を作成した人しか持っていないため、デジタル署名している本人からの電子データであるということが証明されます。

RSA暗号はこのような特徴から、暗号化やデジタル署名として利用されています。

2.11 購入方法

EC2インスタンスの購入方法は3種類あります（正確にはSavings Plansも含めて4種類ですが割愛します）。AWSサービスの中でも費用に占める割合が高くなりやすいサービスなので、購入方法を理解することでAWS使用料金を低く抑えることができます。

オンデマンドインスタンス

特に指定しない限りデフォルトで適用される基本的な購入方法となります。EC2のスペックに応じた従量課金が行われます。

リザーブドインスタンス

EC2のスペックや配置するリージョンを1年、または3年の期間、変更しないことを条件に割引価格が適用される購入方法です。料金をあらかじめいくら支払うかによって「すべて前払い」「一部前払い」「前払いなし」の支払いオプションで割引率が変わります。

スポットインスタンス

　AWSの余ったリソースを使用してEC2を購入する方法です。AWS側のリソースの余り具合に応じて「スポット価格」と呼ばれる価格が変動します。オンデマンドと比べて最大90%ほど安くなるのが魅力ですが、スポットインスタンスを購入する際に指定した価格「入札価格」よりも「スポット価格」が上回った場合、EC2が終了するので注意が必要です。処理が途中で終了しても問題ないようアプリケーション側の仕様を配慮する必要があります。

COLUMN

どうやってAWSエンジニアに転職するの?

　現在の状況や職種を「IT業界未経験」「現役アプリエンジニア」「現役インフラエンジニア」に分けて説明します。

IT業界未経験の場合

　IT業界未経験の方がAWSエンジニアへの転職を目指す場合、下積みの経験が必要となります。

　AWSエンジニアの求人要項はインフラ経験が必須となっているケースがほとんどです。転職して経験者になりたいのに、経験者しか転職できない状態です。このような"未経験のジレンマ"を脱出するためには、まずは未経験者でも転職できるIT企業に飛び込んで経験者になることが先決で、1〜2年程経験を積んだ後にAWSエンジニアを募集している企業に転職するルートが現実的です。

　未経験者OKのIT企業はSIerやSESの客先常駐型の企業が多い傾向にあり、これらはインターネットやSNSではスキルが身に付きづらいなど、あまり評判が良くない意見もあります。

　一方、厚生労働省の調査などによると客先常駐をまったく行っていないIT企業（いわゆる自社開発企業）は全体の1割程度となり、現役エンジニ

アの転職先としても人気で、未経験者がSIerやSESを避けて客先常駐ゼロのIT企業に転職するのはかなりハードルが高いです。

また、いずれ自社開発企業を目指しているのであればSIer、SESからキャリアを始めるのも堅実でしょう。まずは業務経験を積むことを目標とし、業務と並行して自己学習を行い、しっかりと職務経歴書を作り込み、面接対策や企業研究を重ねることでAWSエンジニアの道は拓けてきます。

現役アプリエンジニアの場合

昨今のクラウドの台頭もあり、小規模なインフラ構築でしたらアプリエンジニアが担当するケースも増えてきました。

そのため、EC2やVPC、IAMなどAWSの基本サービスと同時に、ネットワークやサーバーなどの基本的なインフラ知識を学習し、その学習内容を技術ブログなどにまとめて面接時にアピールすれば「インフラもわかるアプリ屋」と評価が有利になります。

AWS知識の客観的な証明としてAWS認定資格SAAの取得もお勧めです。

現役インフラエンジニアの場合

現役インフラエンジニアとは、すでにサーバーやネットワークの経験があり、オンプレミスの運用保守や設計構築に携わっているエンジニアを想定します。結論、現役のインフラエンジニアはAWSエンジニアへの転職に有利です。

理由は2つあります。1つ目は、専門的な業務経験があるからです。昨今はシステム移行でオンプレミスからクラウドへ移行するリフト&シフト案件も多くあり、オンプレミス経験のあるエンジニアを求める企業が増加しています。オンプレミスの専門的な業務経験は多くの企業に重宝されます。

2つ目は、クラウドの学習が有利に進むからです。すでにインフラ関連の知識の土台があるので、AWSの関連サービスに求められる前提知識はクリアしているはずです。ネットワークエンジニアの方ならVPC、ELB、Route 53などの理解が非常にスムーズでしょう。オンプレの経験がしっかりあれば、クラウドの実務経験がなくとも現場で即時キャッチアップが可能と判断されるかもしれません。

転職をより有利にするために

　今すぐ転職を考えていなくともAWS認定資格のSAA（ソリューション アーキテクト アソシエイト）を取得しておくことをお勧めします。

　SAAはAWSの基本知識の客観的な証明となります。例えば、会社にアピールしておくことでAWS案件のプロジェクト参画に繋がったり、面接で評価されたりなど、メリットは多数あります。

　また、ポートフォリオや技術ブログを作成しておくこともお勧めです。実務で経験した内容を整理し、社内のコンプライアンスに抵触しない程度に技術ブログにまとめて面接時のアピール資料とします。この場合、応募する職種と関連する内容であれば尚良しです。　例えば、AWS基盤の運用監視業務に応募する場合はCloudWatchの設定内容や仕様を詳細にまとめた内容だと効果が高いでしょう。大手転職エージェントに登録し、あなたの現時点の実力と希望職種とのギャップをプロの目からアドバイスしてもらうのも方法の1つです。

Linuxの運用／保守

最低限身に付けておいてほしいLinuxの基礎知識

運用とは対象とするサーバーが正常に機能する状態を保つことであり、保守とは正常に機能しなくなった場合に正常に機能する状態に復旧させることです。本Chapterでは、Linuxを運用／保守するうえで必要な知識と技術について説明します。本Chapterの説明だけで、自在の操作ができるようになるわけではありません。今後、知識や技術を向上させる必要な要素として覚えておいてください。

3.1　SSH接続

　サーバーを設定する際、直接操作するよりもネットワークを介してアクセスする方法が便利です。暗号や認証の技術を利用して、安全にリモートコンピュータへアクセスするためにSSH（Secure Shell）を利用します。

　SSHを利用して通信するには、サーバー側にSSHサーバーソフトウェアを、クライアント側にSSHクライアントソフトウェアを、それぞれインストールする必要があります。サーバーソフトウェアとしてはOpenSSH、クライアントソフトウェアとしてはWindows向けのTera TermやPuTTY、RLoginが有名です。なお、OpenSSHはクライアントソフトウェアとしても機能します。

　SSHを用いた認証方式には、パスワード認証方式と公開鍵認証方式があり、ネットワーク上をパスワードが流れない公開鍵認証方式のほうがパスワード認証方式と比べて安全です。

　AWSではデフォルトで公開鍵認証が有効になっており、EC2インスタンス作成時にAWS上で公開鍵と秘密鍵のキーペアが作成され、公開鍵はAWS上で保管され、秘密鍵がクライアント側にダウンロードされます。

3.2　cron

　サーバーの運用／保守において、バックアップやログファイルの管理など、定期的に同じ処理を実行することがことがあります。Linuxを含むUNIX系システムでは、このような定期実行するジョブをcronを使用することでスケジューリングできます。

　cronでのジョブ設定にはcrontabを用います。crontabファイルはユーザー用とシステム用の2種類がありますが、ここでは前者を説明します。

　では、Amazon Linux 2におけるcronの実施例を見ていきましょう。ユーザーのcrontabファイルは、crontab -eコマンドで編集できます。viエディタが開くので、crontabファイルに実行したい時間や曜日のほか、実行した

いコマンドを記述します。具体的には**リスト3-1**のように半角スペースで区切って指定します。

リスト3-1 crontabの設定例
```
15 3 * * 1-5 /usr/local/bin/backup.sh
```

リスト3-1は、平日の3時15分にbackup.shというシェルスクリプトを実行するジョブの設定です。負荷の高いジョブをユーザーのアクセスが少ない平日深夜に実施するなど、柔軟なスケジューリングを行うことでサーバーの運用保守に役立てることができます。

日時や曜日などの指定は**リスト3-2**のようになります。

リスト3-2 crontabの書式

◉**書式**
```
minute hour day_of_month month day_of_week command
```

minute	……………	分（0以上59以下の整数値）
hour	……………	時（0以上23以下の整数値）
day_of_month	……	日（1以上31以下の整数値）
month	……………	月（1以上12以下の整数値、もしくは**jan～dec**の文字列）
day_of_week	………	曜日（0以上7以下の整数値 （0,7：日曜、1：月曜、2：火曜……）、もしくは**Sun～Sat**の文字列））
command	……………	実行すべきコマンド（コマンドの書式に従う）

また、日時や曜日などの指定は、制御文字で柔軟に設定できます。「*」は任意の値、「,」はセパレータ、「-」は範囲、「/」はステップを意味し、**リスト3-3**のように設定することが可能です。

リスト3-3 crontabの設定例（制御文字を使用した場合）
```
* * * * * cmd
⇒毎分cmdを実行する

15 2,5 * * * cmd
⇒2:15と5:15にcmdを実行する

10 * 1 1,7 * cmd
⇒毎年1月1日と7月1日の毎時10分にcmdを実行する

30-59/10 1 * * 1-5 cmd
⇒平日の1時30分から59分まで10分おきにcmdを実行する
```

なお、保存すると、/var/spool/cron/[user-name]としてcrontabファイル
が保存されます（[user-name]はcrontabコマンドを実行したユーザー名で
す）。なお、crontabファイルはcrontab -lコマンドで確認できます。

プロセスの監視もサーバーの運用／保守において重要な要素です。プロ
セスとは、サーバー上の各種アプリケーションを動作させるために必要な
OS上で実行中のプログラムの最小単位のことです。プロセスを適切に監
視することで、アプリケーションに異常が発生していること、あるいは障
害の前兆を掴むことができる可能性が高まります。

プロセスを表示するのはpsコマンドで、すべてのプロセスに対して割り
当てられるPID、プロセスを実行したコマンドなどの情報が確認できます。
オプション-efを付けることで、すべてのプロセスを完全なフォーマット
で表示できます（**図3-1**）。

psコマンドのオプションには、ハイフンを付けないものもあり、代表的
なものとしてa、u、xなどがあります。

図3-1　ps -efの実行結果（Amazon Linux2の場合）

```
[ec2-user@ip-10-0-10-237 ~]$ ps -ef
UID        PID  PPID  C STIME TTY        TIME CMD
root         1     0  0 02:40 ?      00:00:04 /usr/lib/systemd/systemd
root         2     0  0 02:40 ?      00:00:00 [kthreadd]
root         4     2  0 02:40 ?      00:00:00 [kworker/0:0H]
root         6     2  0 02:40 ?      00:00:00 [mm_percpu_wq]
root         7     2  0 02:40 ?      00:00:00 [ksoftirqd/0]
                       (途中略)
root      3152     1  0 02:40 ?      00:00:00 /usr/sbin/sshd -D
root      3157  3152  0 02:40 ?      00:00:00 sshd: ec2-user [priv]
ec2-user  3182  3157  0 02:40 ?      00:00:00 sshd: ec2-user@pts/0
ec2-user  3183  3182  0 02:40 pts/0  00:00:00 -bash
root      3218     1  0 02:40 ?      00:00:00 /usr/sbin/acpid
root      5066     2  0 05:52 ?      00:00:00 [kworker/0:2]
postfix   5081  2916  0 06:00 ?      00:00:00 pickup -l -t unix -u
root      5099     2  0 06:03 ?      00:00:00 [kworker/0:0]
root      5166     2  0 06:08 ?      00:00:00 [kworker/0:1]
ec2-user  5177  3183  0 06:12 pts/0  00:00:00 ps -ef
[ec2-user@ip-10-0-10-237 ~]$ []
```

　問題のあるプロセスが特定できたら、killコマンドでそのPIDを指定して
プロセスを停止します。例えばPIDが1234であるプロセスを強制終了させた
い場合は、kill -9 1234を実施します。このコマンドはプロセス終了コマンド
ではなく、プロセスにシグナルを送るためのコマンドであり、そのシグナ
ルの中に「強制終了」や「終了」があるということに注意してください。

3.4　ログ管理

　サーバーの運用／保守において、ログの取り扱いも重要です。また、サーバー
は24時間稼働が前提であることが多く、ログの量は膨大になります。そのため、
ログを適切に加工／出力し、分析するスキルを身に着けることも大切です。

Amazon Linux 2の場合

　UNIX系OSでは、システムログの取得と処理は、syslogやrsyslogなどの
プログラムが実施しています。Amazon Linux 2ではrsyslogがデフォルトで
起動しています。

　rsyslogの設定は、/etc/rsyslog.confファイルと/etc/rsyslog.dディレクトリ
配下のファイルで行います。rsyslog.confでは、ログの生成元とプライオリ
ティ、出力先を設定できます。プライオリティは、ログの生成元が同じで
あったとしてもその重要度に応じて出力するかどうかを選択するための設
定です。例えば、ジョブスケジュール機能を担うcron関係は優先度に関係
なくすべて/var/log/cronファイルに出力することや、生成元が何であるか
に関わらず、もっとも重要度の高いログはすべてファイル出力すること、
といった設定が可能になります。

　なお、一般的なログは/var/log/messagesにまとめて記録するのがデフォ
ルト設定になっています。さらにログの出力先として、他のサーバーを指
定することもできます。複数のサーバーのログを1ヵ所に集めることで、
ログ管理を効率化できます。

3.5　リンク

　Linuxには、異なる名称で同一のファイルやフォルダにアクセスできる仕組みがあります。例えば、ディスクの容量が逼迫し始めた状況において、既存のディレクトリパスの依存関係を変更せずに、別のディスクにデータ保管領域を確保できます。また、サーバー上のプログラムがあるライブラリを参照している場合に、ライブラリのバージョン変更に柔軟に対応可能です。

　Linuxにはハードリンクとシンボリックリンクという2つの仕組みがあります。実体ファイル（ディスク上の保存データ）が1つであることは同じですが、それを参照する方法が異なります。

ハードリンク

　ハードリンクは、元のファイルと作成したハードリンクはいずれも実体ファイルを参照しています。つまり、リンクを作成したあとに元のファイルを削除（あるいはファイル名やパスを変更）しても、ハードリンクから実体ファイルの内容を参照できます（**図3-2**）。

シンボリックリンク

　シンボリックリンクは、実体ファイルを参照しているのは元のファイルであり、作成したシンボリックリンクは元のファイルのポインタとして機能しています。つまりリンクを作成したあとに、元のファイルを削除したりファイルパスを変更すると、アクセスできなくなってしまいます（**図3-3**）。

　シンボリックリンクには、ハードリンクにない利点があります。異なるファイルシステム上やマウントポイントをまたいだ場合でもリンクを作成できます。さらに、ファイルのみならずディレクトリへのリンクも作成できます。

図3-2 ハードリンク

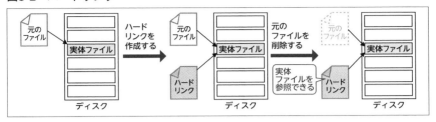

図3-3 シンボリックリンク

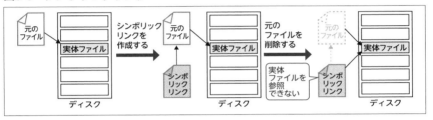

3.6 マウント

　EC2のEBSボリュームなどのストレージをサーバーに物理的に接続したあと、すぐにデータの読み書きができるわけではありません。まずパーティションを作成し、次にファイルシステムを作成してからマウントする必要があります。

　パーティションとはストレージデバイスを論理的に区切った単位のことです。ファイルシステムとはファイルの情報（ファイル名、更新日付、権限、データ本体など）を管理することでファイルを扱いやすくするための仕組みです。

　多くのOSでは、ファイルをその種類ごとに特定の入れ物に入れ、これに親子関係を持たせることで数多くのファイルを効率的に管理しています。Linuxでは、一番上の階層がルートディレクトリ（/）で、この下に他のディレクトリやファイルが配置されるツリー構造を持ちます。

　作成したファイルシステムは必ずどこかのディレクトリにマウントしな

ければ、データを読み書きできません。1つ目のファイルシステムは必ずルートディレクトリにマウントし、それ以降のファイルシステムはルートディレクトリ配下の任意のディレクトリへマウントします。

このような流れで、既存のサーバーにストレージを増設することが可能です。また、他のサーバーのファイルシステムをマウントすることで、既存のサーバーのローカルと同様に扱うことも可能になります。

3.7 パッケージ管理

Linuxでソフトウェアをインストールする際には、パッケージを使用します。パッケージにはソフトウェアを動作させるためのライブラリやドキュメント、設定ファイルなどが同梱されています。

パッケージはディストリビューションごとに形式が異なり、Ubuntuではdeb形式、CentOSやRed Hat Enterprise LinuxやAmazon LinuxなどのFedora系ディストリビューションではRPM形式が用いられます。

パッケージをインストールするには、パッケージの形式ごとにコマンドが用意されており、deb形式のパッケージではdpkgコマンド、RPM形式のパッケージではrpmコマンドでインストールします。

ソフトウェアをインストールする際に便利なパッケージですが、dpkgコマンドやrpmコマンドでインストールする際には、パッケージ自体をどこかで入手する必要があり、加えてパッケージ自体の依存関係がある場合、必要になるすべてのパッケージを自前で揃える必要があります。そのため、通常はdpkgコマンドやrpmコマンドではなく、aptコマンドやyumコマンドといったパッケージ管理コマンドを使います。

パッケージ管理コマンドは、各ディストリビューションがソフトウェアを管理しているサーバー、「公式リポジトリ」に自動でソフトウェアを探しに行き、依存関係のあるパッケージも同時にインストールします。一度インストールしたパッケージをアンインストールすることもでき、リポジトリ上のパッケージが新しくなったら、インストール済みのパッケージも更新できます。

3.8 パーミッション

　パーミッションとはLinuxにおけるディレクトリやファイルのアクセス権のことです。もし、ディレクトリやファイルに対してアクセス権が付与されていない操作を行うと「permission denied」などの表示が出てエラーとなります。逆にSSH接続の際に指定する秘密鍵のように、権限を与えすぎていてエラーとなる場合もあります。アクセス権がなくても与えすぎても、意図した操作ができない場合があるので、適切な権限を付与する必要があります。

　Linux上で何かファイルを作成すると、ファイルの属性として「owner」と「group」が付与されます。初期状態では、そのディレクトリやファイルを作った人が「owner」となり、その作った人の所属グループが「group」になります。それ以外が「other」になります。

　アクセス権は「読み込み」「書き込み」「実行」で分けられており、それぞれ「r」「w」「x」で表示されます。**表3-1**のように、ディレクトリやファイルのアクセス権を2進数3桁で表し、その2進数3桁の数値によってアクセス権の組み合わせを表現できます。例えば、2進数001は「--x」と表され、「実行」のアクセス権が付与されていることを意味します。

表3-1　読み込み／書き込み／実行権限の10進数／2進数／記号の対応

10進数	2進数	記号
1	001	--x
2	010	-w-
3	011	-wx
4	100	r--
5	101	r-x
6	110	rw-
7	111	rwx

　実際にLinuxで使われているアクセス権の表示を表したものが**図3-4**です。

-rwxrwxrwxの先頭のハイフン（-）はファイルであることを意味します。ディレクトリであれば「d」、シンボリックリンクであれば「l」と表示されます。

　ここからさらに左から3つずつに区切って、owner／group／otherの順番でアクセス権を表し、-rwxrwxrwxの場合はowner／group／otherに読み込み／書き込み／実行のすべてのアクセス権が与えられています。

図3-4　Linuxで使われているアクセス権の表示

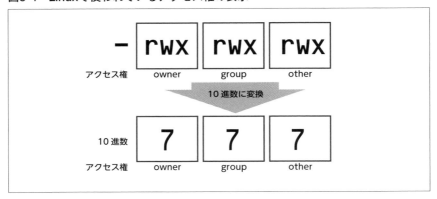

　なお、パーミッションを変更するにはchmodコマンドを使用します。chmodコマンドではアクセス権の指定に**表3-1**で10進数でも指定できます。また、ownerやgroupはchownコマンドで変更できます。

3.9　コマンド

　PC向けのOS（WindowsやmacOS）では、起動するとデスクトップ画面が現れ、マウスを使って操作できるGUI（グラフィカルユーザーインターフェイス）が使われています。アイコンやボタンをクリックすることで操作できて直感的であるため、広くコンピュータが普及しました。一方サーバー用途で使われることの多いLinuxではCUI（キャラクタユーザーインターフェイス）が使われることが多く、文字だけでやり取りすることとなります。

　インフラエンジニアやクラウドエンジニアを目指すうえで、Linuxコマンドの習得は必須です。ここでは「基本」「パフォーマンス監視」「ネットワーク監視」に分類してコマンドを紹介します（**表3-2**）。各コマンドにはさまざまなオプションがありますが、まずはどのようなコマンドがあるかを覚えておきましょう。

表3-2　Linuxコマンド（基本／パフォーマンス監視／ネットワーク監視）

コマンド	説明
基本コマンド	
cd	change directoryの略。ディレクトリ間を移動する
ls	list segmentsの略。ファイル一覧の情報を表示する
pwd	print working directoryの略。現在作業をしているディレクトリのパスを表示する
mkdir	make directoryの略。新しくディレクトリ（フォルダ）を作成する
touch	ファイルのタイムスタンプを更新する。ファイルが存在しない場合は新規作成する
cp	ディレクトリやファイルをコピーする
mv	ディレクトリやファイルを移動する
rm	ディレクトリやファイルを削除する
export	シェル変数や環境変数を設定する
echo	文字列や数値をターミナル上に出力する
find	ファイルやディレクトリを検索する
grep	ファイルの中の文字列を検索する
chmod	ディレクトリやファイルに対して権限を付与する
vi	Linuxでテキストエディタとしてファイルの編集ができる
cat	ファイルの内容を表示する
less	ファイルを1ページずつ表示する
head	ファイルの先頭から数行だけ表示する
tail	ファイルの末尾から数行だけ表示する
diff	2つのファイルを比較し差分を表示する
ps	実行中のプロセスを表示する

コマンド	説明
パフォーマンス監視コマンド	
top	サーバーの稼働状況やCPU利用率を表示する
vmstat	メモリやCPUなどの統計情報を表示する
iostat	CPU利用率やストレージなどのI/Oデバイスの利用状況を表示する
ネットワーク監視コマンド	
route	ルーティングテーブルの表示やルーティング経路の追加／変更／削除を行う
ip	IPアドレスなどの表示やIPアドレスの追加を行う
dig	DNSサーバーに問い合わせてドメイン名とIPアドレスの変換結果を詳細に表示する
nslookup	DNSサーバーに問い合わせてドメイン名とIPアドレスの変換結果を表示する (digコマンドよりも簡易的な表示)
host	DNSサーバーに問い合わせてドメイン名とIPアドレスの変換結果を表示する (dig、nslookupの中でもっとも簡易的に表示)
ping	通信相手にパケットを送って応答を調べる
traceroute	接続先までの経路を表示する

3.10 正規表現

正規表現は、目的のキーワードを見つけるために文字列や記号で検索パターンを表現します。正規表現で使われる記号のキャレット（^）やアスタリスク（*）などはメタキャラクタと呼ばれ、文字列を組み合わせてパターンを表現します。

例えばfruits.txtファイル（**リスト3-4**）には「apple」「banana」「orange」「lemon」が1行ずつ記載されているとします。fruits.txtの中にappleという文字列が含まれているかどうかを調べるには、grepコマンドで**コマンド3-1**のように検索します。grepコマンドでは第1引数に検索文字列、第2引数にファイル名を指定します。単にappleという文字列を検索したい場合は、第1引数にそのまま文字列を与えることで検索できます。

リスト3-4　fruits.txtファイル

```
apple
banana
orange
lemon
```

コマンド3-1　リスト3-4に「apple」が含まれているか調べる

```
$ grep apple fruits.txt
apple
```

　また、文字の先頭が"o"であるものを検索する場合に、検索文字列に"o"を指定しても別の単語（lemon）も検索されてしまいます（**コマンド3-2**）。このような場合に正規表現を使用します。行の先頭を指定して検索したい場合はメタキャラクタのキャレット（^）を使用します（**コマンド3-3**）。なお、行の末尾の検索にはメタキャラクタの"$"を使用します（**コマンド3-4**）。

コマンド3-2　検索文字列に「o」を指定した場合

```
$ grep o fruits.txt
orange
lemon
```

コマンド3-3　行の先頭を意味するキャレット（^）を指定した場合

```
$ grep ^o fruits.txt
orange
```

コマンド3-4　行の末尾を意味する$を指定した場合

```
$ grep e$ fruits.txt
apple
orange
```

　このように、正規表現では単純な文字列だけでは表現できないパターンを検索できます。ここではgrepコマンドでの例を紹介しましたが、他のコマンドやプログラミング言語でも利用されるのでマスターしていきましょう。

4

Windowsサーバー の基礎知識

GUIで簡単に操作できるが、 Windows特有の知識が必要

　WindowsサーバーはLinuxサーバーとは違って、GUIでの操作が主になるので、初学者にも取り組みやすく、基本的なサーバー機能（Web／AP／DBサーバー）はもちろん、企業で使うようなOA基盤（企業内のアカウント、メール、ファイルサーバー、Microsoft Office製品などを配布／管理する基盤）などを構築できるため、イメージが付きやすく学習もしやすいでしょう。本Chapterでは、OSとしてのWindowsサーバーの基礎を理解しましょう。

EC2

コマンドだけで操作するのは難しい？
そんなときはWindowsサーバー！

OS種類はWindowsも選べる

Windows
大企業のもとで大切に育てられて
きた。GUIで操作できる分扱い
やすい。

Linux
サーバーで採用されることが多い。
Amazon Linux、CentOS、
DebianなどのOSが用意されて
いる。

GUIで操作できるからわかりやすい

Linux系のサーバーでは
コマンドラインですべての操
作を行うCUIが基本になっ
ている。一方Windows
Serverであればグラフィカ
ルな画面上でマウス操作が
できるGUIも扱うことができ、
操作がわかりやすい。

Windows特有のシステム理解も必要

Windowsシステムに特有の
AD（ActiveDirectory）や
ADに関連するLDAPや
DNS知識、Linuxとのファイ
ルシステムの違いを知っておく
とよりWindowsサーバーを
使いこなせる。

ActiveDirectory

LDAP

DNS

4.1　Windowsサーバーとは

業務ではWindows PCを使われることが多く、サーバーOSとしても
Windows Serverが選択されることは珍しいことではありません。Windows
Serverのミドルウェアは、WebサーバーとAPサーバーの機能を持つIIS
(Internet Information Services)、DBサーバーの機能を持つMicrosoft SQL
Server、ID管理を行うActive Directory（AD）などがあります。

エディション

Windows Serverにはエディションの区分けがあります。本書執筆時点
（2021年11月）の最新OSである「Windows Server 2022」には大きく3種類
のエディションが用意されています。

● Windows Server 2022の価格とライセンス体系

```
https://www.microsoft.com/ja-jp/windows-server/pricing
```

■ Essential

スモールビジネスに適したエディションです。25ユーザーおよび50デ
バイス程の規模に適しており、もっとも安価に利用できます。

■ Standard

物理環境または小規模に仮想化された環境に適しています。後述の
Datacenterエディションと比べてHyper-Vコンテナ数に制限があったり、一
部の機能が使えないことがあります。

■ Datacenter

高度に仮想化されたデータセンターおよびクラウド環境で用いられ、3
つのエディションの中でもっとも高価ですが、すべての機能が制限なく使

用できます。AWS上のEC2として構築する場合はDatacenterエディション
を用いることが多いです。

Windows Serverのライセンス体系

Windows Serverのライセンス体系は少し複雑になっています。

Windows Server 2022 StandardエディションとDatacenterエディションで
は、サーバー上に搭載されているCPU数とそのコア数によって必要なコア
ライセンス数が変化する、コアベースのライセンスモデルが採用されてい
ます。加えて、Windows Serverにはクライアントアクセスライセンス（CAL）
というものが必要で、OS自体のライセンスに加えて利用するユーザーご
とにライセンスが別途必要となる場合があります。

AWSにおいて、EC2インスタンスやRDSインスタンスには、これらのラ
イセンスが含まれるものが提供されているので、初期コストや長期投資を
せずに、使用量に応じた形でライセンス料を支払うことができます。

● AWSでのMicrosoftライセンシング
https://aws.amazon.com/jp/windows/resources/licensing/

4.2 運用／保守

Windows ServerにおけるOSの基礎として、実際に運用を行う場合の基本
的な操作について学習しましょう。AWSなどのクラウド環境に限らず、オ
ンプレミスにおいても必須の知識となるため、実際に触れてみて学習する
ことをお勧めします。

RDP

RDPとはRemote Desktop Protocolの略で、サーバーを遠隔で操作するためのプロトコルです。Linuxが搭載されたEC2へはSSHを使って遠隔からサーバーにログインして操作するのに対し、Windows ServerにはRDPを使って操作します。

Windows PCではデフォルトでリモートデスクトップ接続クライアントがインストールされているので、[Windowsキー] を押して「リモートデスクトップ」を検索すると接続クライアントが起動します（**図4-1**）。

macOSの場合は、AppStoreで無料公開されているクライアントソフトをインストールすることで、Windows Serverへリモートデスクトップで接続できるようになります（**図4-2**）。

図4-1　リモートデスクトップ接続

図4-2　macOS用リモートデスクトップクライアント

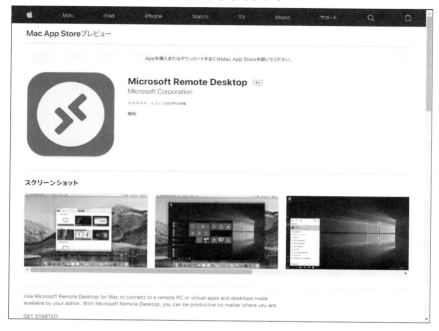

タスクスケジューラー

　Linuxにおけるcronのように、ある決まった時間に特定の処理を行わせたいときに利用するのがタスクスケジューラーです。

　タスクを実行する時刻や、タスクを実行する条件などを設定できます。ユーザーのログイン時やログアウト時に特定の処理を行ったり、日次で決まった時間にバックアップを取得するなど、さまざまな用途で利用されます。Windows 10などのクライアントOSでも利用可能です。

タスクマネージャー

　Windows Serverのリソース使用状況を確認できます。各プロセスごとの使用状況、CPU、メモリ、ディスクI/O、ネットワーク送受信速度がグラフィ

カルにモニタリングできるようになっています。Windows Server 2016以降はサーバー起動時に自動で起動するアプリケーションをタスクマネージャー上で設定できるようにもなりました。

パフォーマンスの劣化が発生した際に、まず始めに確認するのがタスクマネージャーです。ここで得られた情報を足がかりに、リソースモニターで詳細なリソース使用状況を把握したり、プロセスモニター（Microsoftが提供しているソフトウェア）を使って、さらに詳細な情報を取得することもできます。

パフォーマンスモニター

CPUやメモリの負荷状況をより詳細にデータとして取得しておきたい場合は、パフォーマンスモニターを利用します。データコレクターセット（設定情報）を作成し、記録を開始しておくと、データコレクターセットで設定した項目を設定した間隔で記録し続けます（**図4-3**）。

記録した情報はグラフ化され、システム障害やパフォーマンス劣化が発生した際に、すぐに障害発生時の状況を確認できます（**図4-4**）。

図4-3　データコレクターセットの設定画面

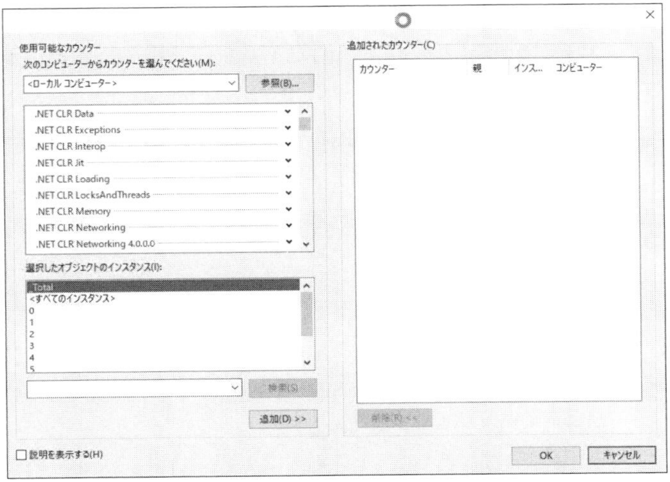

図4-4　パフォーマンス収集結果

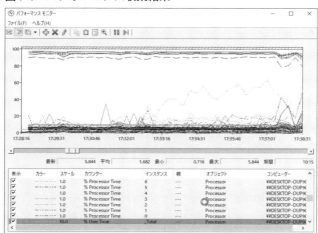

イベントビューアー

　Windows Serverのログは基本的にイベントビューアーで確認できます。初期状態ではApplicationやシステムなどのログが記録され、サーバー上の重大なログや警告、その他の情報を確認できます。IISなどのミドルウェアを追加している場合、ミドルウェアに関するログもイベントビューアー上に項目として追加されます。

　Amazon CloudWatch（169ページ）などでシステムやApplicationのログを監視しておけば、障害に素早く気付くことができます。

VSS

　VSSとはVolume Shadow Copy Serviceのことで、Windows OSでシャドウコピー（静止点）を取るための仕組みです。Windows Server上で実行するアプリケーションがVSS対応のアプリケーションであれば、アプリケーションを起動した状態でバックアップを取得することが可能です。

　AWSやVMwareなどの仮想環境でのスナップショットの取得もVSSの機

能を使ってサーバーの静止点を取得しています。

- ボリューム シャドウ コピー サービス

  https://docs.microsoft.com/ja-jp/windows-server/storage/file-server/volume-shadow-copy-service

Windows Server Backup

Windows Serverに標準で備えられているバックアップソフトウェアが Windows Server Backupです。VSS（前項）の機能を使って、サーバーを起動した状態のままバックアップできます。自動で増分バックアップを取得し、世代管理を行ってくれます。

4.3 コマンド（cmd）

Windowsでコマンドで操作するには、コマンドプロンプトを使います（**図 4-5**）。執筆時点（2021年11月）では、WindowsのCUI環境はコマンドプロンプトとPowerShellが用意されていますが、PowerShellはコマンドプロンプトと互換性があるように作られていて、さらにコマンドプロンプトで実行するスクリプト（バッチファイル）など現役で使われている開発現場もあるので、まずはコマンドプロンプトの基本を押えておきましょう。

図4-5 コマンドプロンプト

ここでは「基本」「ネットワーク系」「パフォーマンス監視系」に分類したコマンドを紹介します（**表4-1**）。各コマンドのオプションはスラッシュ

（/）で付与でき、各コマンドの使用方法は/?オプションを付けると確認できることが多いです。

表4-1　Windowsコマンド（基本／ネットワーク系／パフォーマンス監視系）

コマンド	説明
基本コマンド	
cd	change directoryの略。カレントディレクトリを移動する
dir	カレントディレクトリの中身を一覧表示する（Linuxではls）
ren	renameの意味。ファイルの名前を変更する（Linuxではrename）
move	ファイルを移動する（Linuxではmv）
del	ファイルやディレクトリを削除する（Linuxではrm）
find	ファイルの中からテキスト文字列を探す（Linuxのfindと混同しがちだがgrepに近い）
ネットワーク系コマンド	
ping	IPアドレスやホスト名を指定してICMPパケットを送信し、返答がくるか確認する。疎通確認に使われる（Linuxと違って、オプションなしでは4パケット送信して終了する）
nslookup	名前解決を確認する。オプションなしだとOSで設定しているプライマリDNSサーバーで確認する（Linuxでも同様のコマンドがある）
tracert	指定したホスト名やIPアドレスに到達するまでの経路をトレースする（Linuxではtraceroute）
arp	自身が保持しているARPテーブルを表示する。ネットワークのトラブルが発生した際に、L2（物理層）で疎通が取れるかを確認するのに利用する（Linuxでも同様のコマンドがある）
パフォーマンス監視系コマンド	
netstat	TCP/IPネットワークの接続状況を確認する。待ち受けるポートが解放できているか、相手と通信が確立できているかなどを確認するのに利用する（Linuxでも同様のコマンドがある）
typeperf	パフォーマンスモニターと同様のことが行える（Linuxではvmstatやtopで同様のことができる）
tasklist	現在動作しているタスクの一覧を表示する（Linuxのpsコマンドと同様のことができる）
wmic	Windows Management Instrumentation。Windows OSでシステムを管理するソフトウェアを扱うためのコマンド。オプションと併用すれば、たいていの情報が取得できる（Windows特有のコマンド）

4.4 コマンド（PowerShell）

PowerShellはWindows 7以降のOSで標準搭載されたCLIシェルおよびスクリプト言語です（**図4-6**）。コマンドプロンプトのコマンドはほとんどそのまま利用できます。

オブジェクト指向に基づいて設計されているため、比較的処理が複雑になるスクリプトも書きやすいのが特徴です。また、.NET FrameworkというWindowsに標準搭載されているアプリケーション実行環境を扱えるため、コマンドプロンプトで作ったバッチスクリプトよりも複雑なことが行えます。

PowerShellのコマンドのことをコマンドレット（Cmdlet）と呼び、新しいコマンドレットをインストールして使用できます。学習したい人は、Microsoftが公式にシステム管理のサンプルスクリプトを公開していますので、そちらを参考にWindows Serverの管理を自動化してみましょう。

- システム管理のサンプル スクリプト

  https://docs.microsoft.com/ja-jp/powershell/scripting/samples/
  sample-scripts-for-administration?view=powershell-7.1

図4-6 PowerShell

```
管理者: Windows PowerShell

Windows PowerShell
Copyright (C) Microsoft Corporation. All rights reserved.

新しいクロスプラットフォームの PowerShell をお試しください https://aka.ms/pscore6

PS C:\WINDOWS\system32>
```

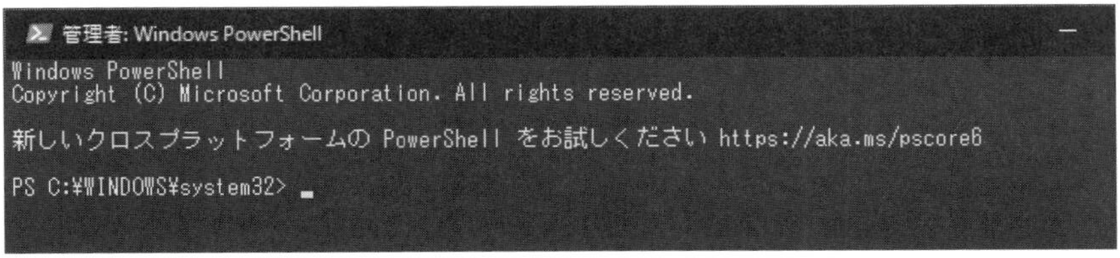

5

Amazon S3

簡単に必要な量のデータを保存／取得できる
オブジェクトストレージ

　データを保存できるオブジェクトストレージを、機能面だけでは
なくコスト面も考慮して使いこなすためには、ストレージクラスの
種類だけではなく、便利な機能などを知っておく必要があります。
本Chapterを足掛かりにして、S3を上手に使いましょう。

S3

データは全部、バケツに放り込んでください

安価で堅牢なデータの保管先

S3は安価で堅牢なオブジェクトストレージ。データを3人（3ヵ所）でコピーして保持するから壊れにくい。更新や削除の際にタイミングによっては少し前のデータが返ってきてしまうことも（結果整合性）。

静的なサイトはS3だけで表示可能

Webサーバーの代わりになるよ 安定しているし安い！

JavaScript
HTML
CSS
etc...

S3では静的なWebページ（サーバーでプログラム的にコンテンツが作成されることのない固定ページ）をWebサーバーのように表示することができる。

利用者管理が柔軟

バケットポリシー

バケットごとに誰にどんなアクセスを許可するかを示したもの。

NG　OK　NG

管理者のみ
アクセス
許可

事前署名付きURL

IAM権限が無い人でも期間限定でS3のファイルをダウンロード・アップロードできる。

今なら誰でも
アクセス可！

5.1　Amazon S3とは

Amazon S 3（エススリー）（Simple Storage Service）は、スケーラビリティやデータ可用性、セキュリティ、パフォーマンスを提供するクラウド型オブジェクトストレージサービスです。S3は99.999999999%（イレブンナイン）の耐久性を実現するように設計されています。また、容量無制限で破格の価格設定のユーザーファーストなサービスとして知られています。

5.2　ストレージクラス

S3は大容量にデータを保存できるサービスですが、利用するストレージによってかかるコストが変わってくるため、ストレージクラスを正しく理解して利用することでコストを最適に保つことができます（**表5-1**）。

表5-1　ストレージクラス※

ストレージクラス	説明	特徴
S3 標準	スタンダードなストレージクラス。バケットを新規に作成するときに適用される。可用性は1年で99.99%に設定されており、最低3つのAZにデータを保存される	制約が少ない
S3 標準 IA	「S3 標準」に低頻度アクセス(Infrequency Access)が追加されたストレージクラス。「S3 標準」と同様に、可用性は1年で99.99%に設定されており、最低3つのAZにデータを保存される	↑
S3 標準 1ゾーン IA	「S3 標準 IA」に「1つのAZ内にのみ保存する」という制約が加わったストレージクラス。可用性は99.5%に設定されているが「S3 標準 IA」と比較してストレージにかかるコストを20%削減できる	
S3 Glacier	主にアーカイブに利用されるストレージクラスでS3と同じ耐久性を保ちつつ、より安価に利用できる。データ取得に迅速性がないことが特徴。直接データをアップロード／ダウンロードする処理ができないのでライフサイクル管理での利用が一般的で、最低3つのAZにデータを保存される	↓
S3 Glacier Deep Archive	滅多に取り出しを行わないアーカイブに利用されるストレージクラス。Glacierよりさらに安価だが、データ取得により時間がかかる。S3 Glacierと同じく最低3つのAZにデータを保存される	低コスト

※正確にはS3 Intelligent-Tieringもストレージクラスの1つです（5.4参照）。

Glacier

S3のストレージクラスのうち、S3 GlacierとS3 Glacier Deep Archiveは
データの取り出しに時間がかかる代わりにS3よりも安価に利用ができる
ストレージです。データのアーカイブや長期間のバックアップなどで利用
されます。Glacierは氷河という意味で、溶けるまで時間がかかる（＝デー
タの取り出しに時間がかかる）と覚えておけばよいでしょう。

5.3 ライフサイクル管理

ファイルを一定の期間のみ保存しておき、ある期間を過ぎたファイルか
ら順にアーカイブできます。他のストレージクラスに移行できる機能で、
S3のコストを最適化する際に利用を検討するオプションです。

例えば、最初の30日間はデータを頻繁に利用するけれど、それ以降はほ
とんど利用せず、データの取得時間もあまり考慮しないような要件の場合、
最初の30日間はS3標準のストレージに保管し、それ以降はS3 Glacierのス
トレージに自動で移行するというルールを設定できます。

5.4 Intelligent-tiering

Intelligent-tieringは、オブジェクトへのアクセスパターンをモニタリン
グして、アクセス頻度に応じたストレージ階層に自動で移動させることで、
コスト効率の最適化を図るストレージクラスです。

階層には高頻度アクセス階層と低頻度アクセス階層、さらにアーカイブ
用のArchive Access階層とDeep Archive Access階層の4段階があります。オ
ブジェクトは以下の条件の通りに自動的に指定の階層へ移動されます。

- アクセスがあったオブジェクトは自動的に高頻度階層に移動する
- 30日間アクセスのないオブジェクトは低頻度階層に移動する
- 90日間アクセスのないオブジェクトはArchive Access階層に移動する
- 180日間アクセスのないオブジェクトはDeep Archive Access階層に移動する

5.5　バージョニング

　バケットのバージョン管理を有効にすることで、バケットに保存されたすべてのオブジェクトのバージョンを保存／取得／復元できます。これによって、誤操作でデータが削除されても復元することができます。

　バケットのバージョニングには、無効／有効／停止の3種類の状態があり、初期状態では無効に設定されています。停止状態では誤って削除しても戻すことが可能です。厳密には削除されず、削除マーカーがオブジェクトに貼られることで、削除されたものとして認識されます。

5.6　マルチパートアップロード

　S3には比較的大きいサイズのデータを扱うための仕組みが用意されています。具体的には1つのオブジェクトを細かく分割してアップロードすることが可能です。これをマルチパートアップロードと言います。AWSでは100MB以上のデータをアップロードする場合においてマルチパートアップロードを利用することを推奨しています。

　比較的サイズの大きいファイルをパートという単位で分割し、S3のバケットにすべてのパートが転送されたあと分割されたパートをすべて結合してオブジェクトを保存します。

5.7　バケットポリシー

　バケットポリシーは各バケットにアクセスするためのルールを定める機能です。S3ではバケットという単位でオブジェクトを管理しており、バケットポリシーを利用することでセキュリティやコンプライアンスを守ることができます。バケットポリシーはJSON形式のコードで定義します。

5.8　Transfer Acceleration

　Transfer Accelerationはデータが格納されている端末からS3バケットまでのデータ転送を高速化する機能です。

　S3バケットに対してデータを転送するときインターネットを経由して転送されますが、データ転送時に利用されるインターネットの通信帯域は基本的にベストエフォートであり、速度は安定しません。また、データ転送を実行するロケーションによってはエンドポイントまでの経路が最適化されていないこともあり、大容量のデータを転送する場合は時間がかかります。データ転送にはCDNサービスであるCloudFrontのエッジロケーションを利用します。

5.9　Snowball

　オンプレミス環境とS3との間で、データを物理デバイスを介して転送するサービスです。インターネットを経由するよりも高速で大量のデータを転送することが可能です。

　80TBの使用可能な領域を持つHDDストレージキャパシティを搭載して

おり、転送されるデータはすべてAWS KMS[注1]によって自動的に暗号化されます。なお、第1世代のSnow ballは2020年4月をもって取り扱いを終了しており、現在はSnowball Edge Storage Optimized（**図5-1**）によってデータ転送サービスが行われています。

図5-1　Snowball Edge Storage Optimizedのデバイス

出典：https://docs.aws.amazon.com/ja_jp/snowball/latest/developer-guide/using-device.html

5.10　静的Webサイトホスティング

　静的Webサイトホスティング機能では、S3バケットを静的Webサイトとして公開できます。一般的な静的Webサイトホスティングとは、レンタルサーバーなどに静的コンテンツ（HTML、CSS、JavaScript、画像ファイルなど）をアップロードすることでWebサイトを公開しますが、次のような問題がありました。

注1　AWS KMS（Key Management Service）とは、暗号化キーを作成して、AWSのサービスやアプリケーションでの暗号化を管理することができるサービスです。データの保護やデジタル署名に使用されます。

- セキュリティ面におけるサーバーの運用管理
- アクセス集中時のキャパシティ管理

　S3は高可用性を備えているためアクセス集中による障害に強く、AWSの管理するマネージドサービスであるためセキュリティ面が強固であり、ハードの運用管理が不要な点が従来の静的Webサイトホスティングと比較して優れています。

- 形で考えるサーバーレス設計（サーバーレスアーキテクチャパターン）
  https://aws.amazon.com/jp/serverless/patterns/serverless-pattern/

5.11　CORS

　異なるドメイン間でS3内のリソースの通信を許可する定義を決める機能です。

　CORSとはCross-Origin Resource Sharingの略で、日本語訳すると「オリジン間リソース共有」です。オリジンとは、プロトコルとドメイン名とポート番号を繋げたものです（例：https://example.co.jp:443）。もともとオリジンにはセキュリティの脆弱性を防ぐためにSame-Origin Policy（同一オリジンポリシー）というポリシーが設けられ、リソースへの通信が制限されています。そのため、CORSを設定して、異なるオリジンにある選択されたリソースへのアクセス権を付与する必要があります。

　使用例として、S3にホスティングした静的コンテンツを異なるドメインに対して通信するためにCORSを設定するケースが挙げられます。

AWSとオンプレミスの技術要素の比較

　本章ではAmazon S3について紹介しましたが、AWSにはいくつものサービスがあります。その多くは、オンプレミスで使われている技術をAWS上で実現したものになります。AWSのサービスと、それに対応するオンプレミスの技術要素を比較して、クラウドとオンプレミスの違いを意識してみると、より理解しやすくなるはずです。

Amazon EC2

　EC2はAWS上でサーバーを提供するサービスです。オンプレミスの場合、物理サーバーを調達したり、物理サーバー上にVMwareなどの仮想化技術を使用して仮想マシンを作成することに相当します。EC2なら機材の調達は不要ですし、性能面の拡張／縮小、スケールイン／スケールアウトも自在です。

Amazon S3

　S3はAWS上にデータを保存するためのストレージを提供するサービスです。オンプレミスでは、NASのようなネットワーク接続ストレージを調達して設定し、ファイルのアップロード元とネットワーク接続することに相当します。S3なら、機材の調達も物理的な接続も不要で、ワンタッチで調達／運用できます。

Amazon VPC

　VPCは、AWS上で仮想ネットワークを提供するサービスです。オンプレミスでは、ルーターやスイッチなど、ネットワークを構成する機器をソフトウェアで一括して制御するSDN（Software Defined Network）に相当します。VMwareのNSXと同様の機能で、これら技術に触れたことがあるならばイメージしやすいでしょう。

Amazon Route 53

Route 53は、AWS上でDNSを提供するサービスです。オンプレミスでは、BINDなどのDNSソフトウェアをインストールしたサーバーが相当します。Route53には、DNSの機能だけでなく、ヘルスチェック、フェイルオーバールーティング、DDNSの機能を利用できるほか、ドメイン自体の購入まで可能になっていて、至れり尽くせりです。

Amazon CloudFront

CloudFrontは、AWS上でコンテンツ配信の効率化を提供するCDN（Content Delivery Network）サービスです。オンプレミスでは、自力で世界中にキャッシュサーバーを用意することは難しいため、サードパーティーのサービス（AkamaiやCloudFlareなど）を利用することがほとんどです。

Elastic Load Balancing（ELB）

ELBはAWS上で負荷分散（ロードバランシング）を提供するサービスです。オンプレミスでは、ロードバランサーと呼ばれる負荷分散装置（代表的なものとしては、F5ネットワーク社の「BIG-IP」やソフトウェア上で機能を実装する「HAProxy」など）を導入することに相当します。ELBでは、用途に応じてApplication Load Balancer（ALB）とNetwork Load Balancer（NLB）を使い分けることができます。

AWS IAM

IAMは、AWS上のリソースに対するアクセス権限の管理を提供するサービスです。オンプレミスにおいて、LinuxではLDAP、WindowsではActiveDirectory（AD）などのドメイン管理サービスを利用して、アカウントや機器を管理することに相当します。IAMでは、LDAPやADのようなドメイン管理サービスより簡単に、より高度な権限管理が実現できます。オンプレミスで同等の機能を実現するには難易度の高い作業になります。

AWSコマンドラインインターフェイス（CLI）

AWS CLIは、AWS上のリソースをコマンドラインで操作する機能を提供します。オンプレミスでは、機器やOSごとに異なる独自のコマンドラインが提供されています。例えば、WindowsであればコマンドプロンプトやPowerShell、LinuxであればBashなどを利用します。AWSでは、すべてのリソースを統一されたコマンドラインツールで操作できるため、学習コストを抑えることができます。

Amazon CloudWatch

CloudWatchは、AWS上のリソースやアプリケーションを監視できるモニタリングサービスです。オンプレミスでは、監視ソフトウェアを利用して実現します。代表的なものとしては、オープンソースである「Zabbix」や「Nagios」があります。CloudWatchでは、AWSの他のサービスと連携することが容易なため、より柔軟に対応できます。

Amazon EC2 Auto Scaling

EC2 Auto Scalingは、EC2に需要に合わせて自動的に拡張、縮小するスケーリング機能を提供します。オンプレミスでは、VMwareなどの仮想化技術を用いて同様のスケーリングを実現できますが、ハードウェアリソースは有限なため、スケールアウトできる台数には限界があります。AWSに限らず、Auto Scalingを最大限活用できることは、クラウドの大きなメリットだと言えます。

AWS Lambda

Lambdaは、AWS上にサーバーレスのプログラム実行環境を提供するサービスです。オンプレミスではプライベートクラウドなどの自社システムを利用してプログラム実行環境を用意できますが、必ずOSやコンテナなどの管理／保守が必要となってしまいます。Lambdaのような管理／保守の不要なサーバーレスのサービスは、クラウドならではと言えます。

Amazon RDS

　RDSは、AWS上にデータベースを提供するサービスです。オンプレミスでは、サーバー上にデータベースソフトウェアをインストールして運用することに相当します。オンプレミスではデータベースの可用性を向上させるためには複雑な構成を設計、構築する必要があります。RDSでは、可用性はマルチAZへのプロビジョニングによって簡単に獲得できるほか、オンプレミスでも利用されるメジャーなデータベースソフトウェア（MySQL、PostgreSQL、Oracle、SQLServerなど）を利用できます。

AWS CloudFormation

　CloudFormationは、AWS上でプロビジョニングしたいリソースやパラメータをコード化し、コードによるプロビジョニング（IaC；Infrastructure as Code）を実現するサービスです。オンプレミスではIaCの概念は遅れており、サーバやネットワークなどの構築のほとんどは手動で行われています。CloudFormationを利用すると、コードに従ってリソースが自動的にプロビジョニングされるため、何度実行しても同じ設定の同じリソースを短時間で作成することが可能になり、ヒューマンエラーの防止や作業時間の短縮ができます。

6

Amazon VPC

仮想ネットワークを実現する
Amazonのクラウドサービス

Amazon VPCはAWS上でネットワークを提供するサービスです。
AWSリソース同士が通信する際に利用されるため、AWSを利用す
るうえでは最初に学習するサービスと言えます。また、ネットワー
クはインフラ技術を学習するうえで基礎中の基礎となる技術です。

VPC

VPC

AWSを使ってネットワークを構成するときのベースとなるサービス。システムや本番／検証などの環境ごとに作るもので EC2 やRDSなど特定の IP アドレスを付与されるサービスたちは VPCの上に作られる。

Subnet

VPCをさらに細かく割ったものがサブネット。サブネットはAZ上に作られ、EC2を起動するときはどのサブネットに起動するかを選ぶ。

AZ

Availability Zoneと呼ばれる、EC2などのインスタンスの実態となるコンピュータが置かれている場所。AZ同士は物理的に離れた場所にあるので、複数のAZを利用することで災害やAZ障害に強い構成になる。

サービスたちの活動基盤
あなただけのプライベートネットワーク

Internet Gateway

インターネットに接続するのに必要な設定。インターネット通信の出入り口となる。

ACL

通信を許可するIPアドレスと拒否するIPアドレスをサブネットごとに決めることができる。

セキュリティグループ

通信を許可するIPアドレスやプロトコルをリストにしたもの。各EC2などのサービスにこのリストを渡してリストにある場所としか通信できないようにしている。

6.1　VPCとは

　Amazon VPC（Virtual Private Cloud）は、AWS上でネットワークを提供するVirtual Network（仮想ネットワーク）サービスです。AWSアカウントごとに論理的に区分けされた仮想ネットワーク空間を構築することができ、AWSで取り扱うさまざまなリソースが動く土台となります。

● Amazon Virtual Private Cloud
```
https://aws.amazon.com/jp/vpc
```

6.2　サブネット

　VPC作成時に「どの程度IPアドレスを確保するか」を決定します。しかし、セキュリティやルーティングなどを管理しやすくするため、VPCで確保した大きなネットワーク空間を複数の小さなネットワークに分割して利用します。分割したネットワークのことをサブネットと呼び、一般的にサブネットを構築することを「サブネットに切る」または「サブネットを切る」と言います。

　サブネットに切る場合はサブネットがどの程度IPアドレスを確保するか範囲を指定する必要があり、このサブネットの範囲のことをサブネットマスクと呼びます。大きなピザを分割してお皿に分けるイメージです。

● /21で区切る場合
　　10.0.0.0/21……10.0.0.0〜10.0.7.255まで使える

● /24で区切る場合
　　10.0.0.0/24　　10.0.4.0/24
　　10.0.1.0/24　　10.0.5.0/24
　　10.0.2.0/24　　10.0.6.0/24
　　10.0.3.0/24　　10.0.7.0/24

　また、インターネットに接続されているサブネットをパブリックサブネット、インターネットに接続されていないサブネットをプライベートサブネットと呼びます（VPCではよく使う言い回しです）。

- VPCとサブネットの基本

  https://docs.aws.amazon.com/ja_jp/vpc/latest/userguide/VPC_Subnets.html

6.3　ルートテーブル

　分割したネットワーク同士を通信させるためには通信経路を作成する必要があります。この通信経路のことをルート（Route）と呼び、ルートをまとめたデータ構造のことをルートテーブル（Route Table）と呼びます。

　AWSではルートテーブルをマネジメントコンソールで管理できます。サブネット同士を通信させる際にルートテーブルは重要な役割を担います（**図6-1**）。

図6-1　サブネットにインターネットゲートウェイへのルートをルートテーブルに定義する例

- VPCのルートテーブル

  https://docs.aws.amazon.com/ja_jp/vpc/latest/userguide/VPC_
  Route_Tables.html

6.4　インターネットゲートウェイ

　既存のネットワークをインターネットに繋ぐとき、インターネットへの
接続口を作成する必要があります。このインターネットへの接続口をイン
ターネットゲートウェイ（Internet Gateway）と呼びます。また、インター
ネットゲートウェイに繋げるサブネットのことをパブリックサブネットと
呼びます。Webサイトをインターネットに外部公開する際、インターネッ
トゲートウェイがVPCにアタッチされており、かつ適切にルーティングを
設定する必要があります。

- Internet Gateway

  https://docs.aws.amazon.com/ja_jp/vpc/latest/userguide/VPC_Inte
  rnet_Gateway.html

6.5　NATゲートウェイ

NATとは

　通常、通信を行うとき自身のIPアドレスを通信相手のデバイスに伝える
ことでやり取りができます。これはインターネットと接続する場合におい
ても同様であり、通信相手が常にわかる状態で通信しています。

　しかし、要件によっては自身のIPアドレスを伝えずに相手先とやり取り
したい場合があります。例えば、機密情報を保存したサーバーが通信時に
自身のIPアドレスを伝えて通信をしてしまうとサーバーの位置を特定され

サーバーを狙う攻撃者に攻撃されてしまう可能性があります。こういった
ケースでサーバーなどを運用するときは自身のIPアドレスを公開しないよ
うにする必要がありますが、通信するときは必ずIPアドレスが必要になり
ます。IPアドレスを公開せず、他のIPアドレスとして見せかける技術のこ
とをNAT（Network Address Translation）と呼びます。

AWSにおけるNATとは

　AWSではNATを仮想コンポーネントという形で提供するNAT Gatewayが
あり、NAT Gatewayをパブリックサブネットに配置することでプライベー
トサブネットからインターネットに接続できるようになります（**図6-2**）。
ただし、これはプライベートサブネットからインターネットに対しての通
信（プライベートサブネットからのアウトバウンドトラフィック）に対し
て有効であり、インターネット側からプライベートサブネットにアクセス
できるようになるわけではないので注意が必要です。

**図6-2　NAT Gatewayを利用してプライベートサブネットをインターネットゲート
ウェイに接続する例**

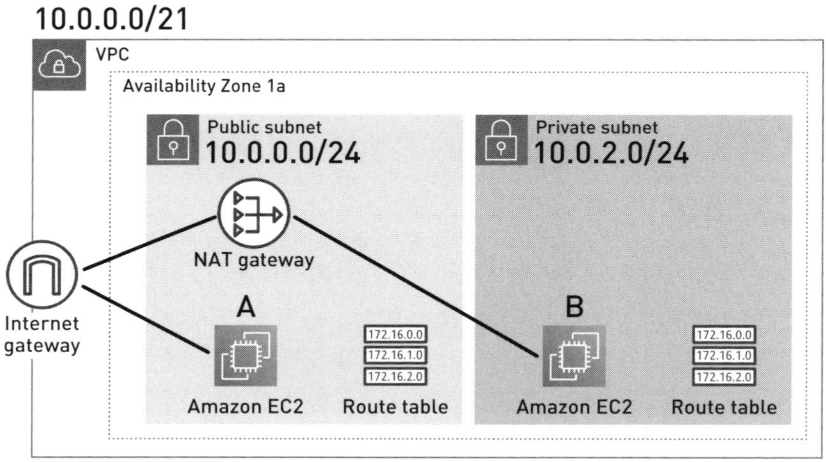

10.0.0.0/21

- NAT Gateway
  https://docs.aws.amazon.com/ja_jp/vpc/latest/userguide/vpc-nat-gateway.html

6.6　Elastic IPアドレス

IPv4で構成される静的なパブリックIPアドレスのことをElastic IPアドレス（EIP）と呼びます。

基本的に、AWSから発行されるパブリックIPアドレスは再起動などを契機に変更される可能性があります（動的なIPアドレス）。インターネットから常に同じパブリックIPアドレスでアクセスしてもらうためにはIPアドレスを固定化する必要があります。これを実現するのがEIPです。

- 動的IPアドレス
  変更されるIPアドレスだが課金は発生しない
- 静的IPアドレス
  固定IPアドレスで課金が発生する[注1]

EIPはAWSがアドレスプールに貯蔵しているIPアドレスから払い出されます。一意であり利用できるIPアドレスには限りがあるため、固定して利用している間は課金が発生する場合があるので、利用しないときは固定しないようにしておくとよいでしょう。これを「IPアドレスを解放する」と呼びます。

注1　EIPを起動中のEC2インスタンスにアタッチしている場合などでは課金が発生しません。EIPの利用時にどのようなタイミングで料金が発生するのかは、次のWebページの「Elastic IPアドレスの料金」から確認できます。

- Elastic IPアドレス
  https://docs.aws.amazon.com/ja_jp/AWSEC2/latest/UserGuide/elastic-ip-addresses-eip.html

6.7　Elastic Network Interface

通信ができる端末には必ずNIC（Network Interface Card）があります。NICにIPアドレスが割り振られることでIPアドレスによる通信を実現します。通常、1つの端末に1つのIPアドレスですが、NICを増設することで1つの端末に複数のIPアドレスを割り振ることができます。

NICを増設する場合は、装置に対して物理的にNICを追加する必要がありますが、AWSではマネジメントコンソール上でNICを追加できます。マネジメントコンソール上で追加できるNICを、AWSではElastic Network Interface（ENI）と呼びます。ENIには2つ以上のIP割り振ることが可能であり、割り振られたIPアドレスのうち2番目のIPアドレスのことを「セカンダリIPアドレス」と呼びます。

図6-3　Elastic Network Interfaceの特徴

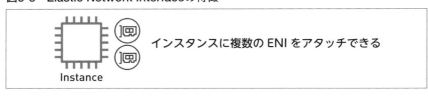

インスタンスに複数の ENI をアタッチできる

● Elastic Network Interface

```
https://docs.aws.amazon.com/ja_jp/vpc/latest/userguide/VPC_
ElasticNetworkInterfaces.html
```

6.8　セキュリティグループ

AWSにはネットワークのセキュリティを守る仕組みとしてインバウンドトラフィックとアウトバウンドトラフィックを制御する仮想ファイアウォールがあります。これをセキュリティグループと呼びます。

　基本的にVPCに対してEC2インスタンスを作成した場合は、そのEC2イ
ンスタンスのENIに関連付けされて管理されます。また、ネットワーク
ACL（次節）もAWS上のネットワークを守る仕組みの1つですが、大きく
異なります（後述します）。

- VPCのセキュリティグループ
  https://docs.aws.amazon.com/ja_jp/vpc/latest/userguide/VPC_
  SecurityGroups.html

6.9　ネットワークACL

ファイアウォールとは

　一般的にファイアウォールとは、デバイスの間に入り、特定のルールに
沿って通信するかどうかを決めるセキュリティ機能、または物理デバイス
そのものを指します。通信経路が適切なネットワークであってもファイア
ウォールに宛先との拒否ルールが設定されている場合は通信できません。

ネットワークACLとは

　サブネット単位でネットワークACL（Access Control List）を設定できま
す。デフォルトではすべての通信のインバウンドまたはアウトバウンドト
ラフィックが許可されていますが、設定によってセキュリティ対策に利用
できます。ここで通信するかしないかを定義するルールのことをアクセス
リスト（Access List）と呼びます（**表6-1**）。

表6-1 特定のIPアドレスのみのインバウンドトラフィックを許可する例

ルール番号	タイプ	プロトコル	ポート範囲	送信元	許可/拒否
100	すべてのIPv4トラフィック	すべて	すべて	192.168.0.1/24	許可
*	すべてのIPv4トラフィック	すべて	すべて	0.0.0.0/0	拒否

セキュリティグループとの違い

ネットワークACLはセキュリティグループと違い、双方向で通信する場合はインバウンドとアウトバウンドの2行のルールを追加する必要があります。**表6-2**のとおり、それぞれの違いは通信をどのように管理しているかが関係しています。

表6-2 セキュリティグループとネットワークACLの違い

項目	セキュリティグループ	ネットワークACL
適用範囲	ENI	サブネット
ステート	ステートフル	ステートレス
In/Out	許可のみ	許可と拒否
適用順	すべてのルールを適用	番号順に適用

行きと戻りで通信ができるように通信の状態が保存されていることをステートフル、逆に通信の状態が保存されていないことをステートレスと言います。ネットワークACLはステートレス、つまりは通信の状態を保存しない制御となるため、戻る場合についても定義しなければなりません。

また、ネットワークACLは定義順序に従うように動作するため、最初に読み込むACLがすべてのトラフィックを拒否するというポリシーになっていた場合、どんなに新しいポリシーを追加しても通信できません。

ネットワークACLはAWS特有の用語ではなく、一般的なセキュリティ機能として活用されており、具体的には現在流通しているネットワークアプライアンス[注2]に標準で搭載されている機能です。

注2　アプライアンスは特定の用途に最適化された装置のことです。ネットワークアプライアンスは通信インフラを構築するために必要な機能のみを持った装置です。

COLUMN

ネットワーク通信の基礎知識

プロトコル ——現実世界では"約束"

相互に通信する場合は、必ず一定の取り決めに従う必要があります。この取り決め（約束事）のことをプロトコルと呼びます。

TCP ——信頼性のあるプロトコル

TCP（Transmission Control Protocol）は信頼性のあるストリーム型のプロトコルです。特徴として、「順序制御」「再送制御」「フロー制御」「輻輳制御」の4つの制御があります。通信時は送信するデータの順番を保ち、かつ一定の送達保証を保ちますが、UDPと比較すると低速です。

- 順序制御　：データ転送の順番を保つ制御
- 再送制御　：データ転送に失敗した場合に再度、転送を試みる制御
- フロー制御：転送するデータ量を調整する制御
- 輻輳制御　：データ転送の遅延を解消および防止する制御

UDP ——信頼性のないプロトコル

UDP（User Datagram Protocol）はTCPの4つの制御を持たない代わりに高速性やリアルタイム性を重視する通信に利用されます。通信の制御を行わないため、送信に利用したデータが欠損することがあります。基本的に通信に信頼性を持たせる場合はTCP、音声通話など信頼性よりも高速性が重視される場合はUDPとなりますが、UDPをアプリケーションレベルで制御することでリアルタイム性を重視しつつ、ある程度の信頼性を確保することができます。

ポート ——IPアドレスと一緒に利用される番号

アプリケーションが他のアプリケーションなどと通信する際、IPアドレスと特定の番号を利用します。このときに利用される特定の番号をポート

またはポート番号と呼びます。ポート番号はプロトコルごとに利用する番号が決まっています。とくに0～1023までの番号はウェルノウンポートと呼び、IANA注Aによって決められています。

　例えば、Webアクセスする際のhttpはポート番号「80」、httpsは「443」、リモートデスクトップで使われるのは「3389」などです。

OSI参照モデル

　OSI参照モデルはネットワークの基本構造を7階層に分離して定義したものです。各レイヤには通信を実現するための役割があり、プロトコルが当てはめられています。

- レイヤ7：アプリケーション層
- レイヤ6：プレゼンテーション層
- レイヤ5：セッション層
- レイヤ4：トランスポート層
- レイヤ3：ネットワーク層
- レイヤ2：データリンク層
- レイヤ1：物理層

注A　IANAが定義するポート番号一覧
https://www.iana.org/assignments/service-names-port-numbers/
service-names-port-numbers.xhtml

6.10　VPCエンドポイント

　VPCの内側にあるEC2インスタンスからVPCの外側にあるAWSサービス（例えばCloudWatchやS3）に通信する場合、通信は一旦インターネットを経由してやり取りされます。インターネットを経由する通信はベストエフォート（回線の速度が一定ではなく安定しない）で、セキュリティ要件に抵触する可能性もあります。この問題を回避するため、インターネット

を経由しない共通の接続点（エンドポイント）をVPC上に設定することで、インターネットを経由せずに通信できるようになります。この接続点をVPCエンドポイントと呼びます。

VPCエンドポイントはAWS PrivateLink[注3]と併用することでプライベートな連携を実現できます。

図6-4　VPCエンドポイントを利用したときの構成

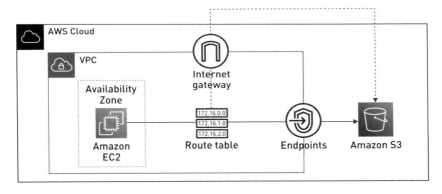

- **VPC Endpoint**
  https://docs.aws.amazon.com/ja_jp/vpc/latest/userguide/endpoint-services-overview.html

6.11　VPCピアリング接続

サブネットとして区切ったVPC同士を接続するVPCのオプションをVPCピアリング接続と呼びます。仕組みとしては接続したVPC同士でルーティングを確立して接続したネットワークが1つのネットワークであるかのように見せかけています。また、接続するVPCのリージョンや所有アカウントに関係なく接続できます。

注3　AWS PrivateLinkは通信をインターネットに流すことなくAWSとプライベートな接続を確立できるサービスです。　https://aws.amazon.com/jp/privatelink

図6-5　VPCピアリング接続（イメージ）

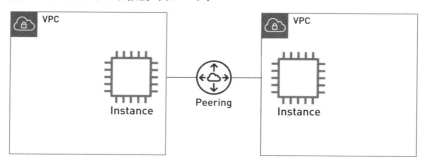

● VPCピアリング接続

```
https://docs.aws.amazon.com/ja_jp/vpc/latest/peering/what-is-
vpc-peering.html
```

6.12　VPCフローログ

　ネットワークを運用する過程で重要なのが、ログの取得と監視です。オンプレミス環境ではログの追跡と管理にはコストがかかります。また、収集したログをどこにどれくらいの期間保存しておくべきか、コンプライアンスの順守を前提としてどのような内容のログをどれくらい管理するかも決めておく必要があります。さらに、ログからビジネスに必要な価値を捻出するための分析基盤も必要になってきます。

　Amazon VPCにはログを収集する基盤としてVPCフローログがあります。ネットワークインターフェイスごとにネットワークトラフィック（通信の流れ）を監視してログとして保存します。ログの保存先はAmazon S3（75ページ）、またはAmazon CloudWatch Logs（179ページ）に保存されます。

● VPCフローログ

```
https://docs.aws.amazon.com/ja_jp/vpc/latest/userguide/flow-
logs.html
```

6.13　DNS

　ネットワーク通信にはIPアドレスが必要ですが、普段、Webサイトにア
クセスする際にはURLをWebブラウザに入力します。このURLに含まれる
ドメインをIPアドレスに変換してくれる仕組みのことをDNS（Domain
Name System）と呼びます。AWSではAmazon Route 53（次章）というサー
ビスを利用してDNSを実現します。

図6-6　VPCとRoute 53をつないだ構成（イメージ）

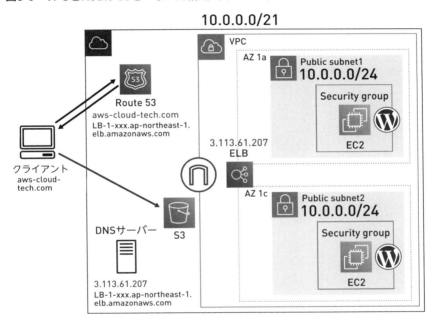

● DNSとは

https://aws.amazon.com/jp/route53/what-is-dns/

6.14   CDN

　ネットワークの設計や構築では「いかにして物理的な距離を縮めて通信をするか」が重要となります。物理的な距離が近ければ近いほどネットワークは高速になります。これはOSI参照モデル（98ページ）にある物理層が第1層にあることからもわかるとおり、物理的な通信経路が短ければ短いほど通信にかかるコスト（通信のオーバーヘッド）が小さくなり高速通信が可能となります。

　より近い場所からデータを取得できるようにデータ通信および配信の最適化を目的として開発された技術をCDN（Contents Delivery Network）と呼びます。

　AWSではCDNを実現するサービスとしてCloudFront（111ページ）というサービスがあります。

7

Amazon Route 53

AWSが提供するDNSで、
独自ドメインを設定する場合には必須の技術

　Amazon Route 53はAWSが提供するDNSで、Webアプリケーション
を公開する際に独自ドメインを設定したい場合は必須の技術
です。まずはDNSの基礎的な知識を理解したうえで、Route 53独
自の機能を押えていくと効率良く学習できるでしょう。

Route 53

いつでも元気100％
サーバーの場所をご案内

ドメイン名から宛先サーバーを案内

Route 53 は可能性 100% でいつでも元気な DNS サービス。登録したドメイン名から宛先のサーバーIP などを教えてくれる。

example.com に
アクセスしたいなら
123.xxx.xxx.xxx に
行ってみて！

宛先が元気か常にチェック

Route 53 は宛先のサーバーが元気か定期的に確認する。反応がないときは別のところへ案内するように設定することもできる。

EC2　　　S3

反応がない場合には S3 に用意した Sorry ページを表示するなど、いろいろな設定ができる。

振り分けからで負荷の分散まで

Route 53 ではどんなルールで宛先を回答するかをいくつかの方法から選ぶことができる。代表的なものに次のような方法がある。

シンプルルーティング 1つのドメイン名に対して1つの宛先のみ存在しているとき。	加重ルーティング 複数の宛先がある時、Route 53 がそれぞれの宛先をどういう割合で回答するかが選択できる。
位置情報ルーティング ユーザーの位置情報に応じて回答する宛先を変えられる。	レイテンシールーティング 一番レイテンシーが低くなる宛先を回答する。

7.1 Route 53とは

Amazon Route 53はAWSが提供するDNS（Domain Name System）です。

DNSとはドメイン名からIPアドレスに変換する（この変換を名前解決と呼ぶ）ためのプロトコルで、DNSがなければドメイン名（www.example.comなど）を使ってWebサイトにアクセスできず、IPアドレスをいちいち覚えておかなくてはいけません。また、1つのドメイン名に対して複数のIPアドレスに変換するように設定することで負荷分散の役割を担ったり（DNSラウンドロビン）、ロードバランサーやWebサーバーのダウン時に別のページへ遷移させるフェイルオーバールーティングなどの機能を実装することが可能です。

独自ドメインは外部のサービスで購入することも、Route 53で購入することもできます。

7.2 DNSサーバーの役割

DNSサーバーとひと口に言っても役割ごとに大きく2種類存在します。1つめは権威DNSサーバーと呼ばれる種類です。権威DNSサーバーはゾーンという単位でドメイン名とIPアドレスを管理し、コンテンツDNSサーバーとも呼ばれます。もう1つはフルサービスリゾルバと呼ばれ、自身ではドメイン名とIPアドレスの情報は持たず、他のDNSサーバーに問い合わせて名前解決を行う役割を持つサーバーです。フルサービスリゾルバは多くの場合、名前解決を行った結果をキャッシュしておくため、キャッシュDNSサーバーとも呼ばれます。

ホストゾーン

Route 53は前者の権威DNSサーバーとして利用されることが多く、権威

を持つゾーンのことをホストゾーンと呼びます。ホストゾーンにはパブリックホストゾーンとプライベートホストゾーンの2種類があり、パブリックホストゾーンはインターネット上に公開され、プライベートホストゾーンはVPC内のドメイン名を管理し、外部には公開されません。

また、Route 53ではフルサービスリゾルバの機能もあり、VPCで使うことができます。

● VPCのDNSサポート

https://docs.aws.amazon.com/ja_jp/vpc/latest/userguide/vpc-dns.html

7.3 リソースレコードセット

ゾーンの中にはレコードという単位でドメイン名とIPアドレスを紐づける情報を保持します。レコードには数種類あります。**表7-1**のレコードをリソースレコードと呼び、リソースレコードの集合のことをリソースレコードセットと呼びます。

表7-1 リソースレコード

リソースレコード	説明
Aレコード	address recordの略で、ドメイン名とIPv4アドレスを紐づけるレコード
AAAAレコード	quad A recordとも呼ばれる。ドメイン名とIPv6アドレスを紐づけるレコード
PTRレコード	pointer recordの略で、IPアドレスとドメイン名を紐づけるレコードで、AレコードやAAAAレコードとは紐づけが逆方向になる
NSレコード	Name Serverレコードの略で、他の権威DNSサーバーの場所を記しておくレコード
SOAレコード	Start Of Authority recordの略で、権威DNSサーバーが保持するゾーンの情報を記しておくレコード。ゾーンに対して1つ設定する
CNAMEレコード	Canonical Name recordの略で、AレコードやAAAAレコードの別名を示すレコード。後述するエイリアスレコードとは挙動が少し異なるので注意が必要

7.4   エイリアスレコード

Route 53独自のレコードとして、エイリアスレコードがあります。CNAMEレコードと同じように別名を設定できるレコードですが、CNAMEレコードとは挙動が少し異なります。

例えば、CNAMEレコードで別名を定義した場合、別名 ⇒ 実際のホスト名 ⇒ IPアドレスというようにCNAMEレコードを介して目的のレコードを引きに行きます。一方エイリアスレコードは、外から見ると単なるAレコードに見えます。つまり別名⇒IPアドレスというように、他のレコードを介さずにクエリを1回で済ますことができます。

エイリアスレコードは、AWS内のリソースに限り指定可能です。

7.5   ヘルスチェック

Route 53ではヘルスチェックを行うことができます。ヘルスチェックとは、サーバーやアプリケーション、その他のリソースの正常性とパフォーマンスを監視してモニタリングすることです。

SLA（Service Level Agreement）という可用性を表す指標が100%に設定されているので、Route 53でヘルスチェックを行うことで、正常性を確認するのに非常に適しています。Route 53で行えるヘルスチェックは3種類あり、これらで要件を充足しない場合は、Elastic Load Balancingのヘルスチェック（136ページ）などと併用して、システム障害を素早く検知できる設計を心がける必要があります。

■ エンドポイントをモニタリングするヘルスチェック

IPアドレスまたはドメイン名でRoute 53からサーバーにリクエストを送信し、その状態を確認することでヘルスチェックを行います。

■ 他のヘルスチェックを監視するヘルスチェック

他のヘルスチェックが正常または異常と判断したこと自体をRoute 53が監視できます。

■ CloudWatchアラームをモニタリングするヘルスチェック

特定のCloudWatchメトリクスのステータスをモニタリングするCloudWatchアラームを指定し、同じデータストリームを監視するヘルスチェックを作成できます。これを用いるとCloudWatchがアラームを発報するのを待たずに、即座に異常を検知することができます。

- Amazon Route 53ヘルスチェックの種類
  https://docs.aws.amazon.com/ja_jp/Route53/latest/Developer Guide/health-checks-types.html

7.6　フェイルオーバールーティング

システム障害が発生した際に、あらかじめ用意しておいた代替手段へ自動的に切り替えることをフェイルオーバーと呼びます。

Route 53ではヘルスチェックによる異常を検知したときに、通常時と異なるIPアドレスをクライアントに返却することでシステムをフェイルオーバーさせることができます。

Route 53でのフェイルオーバーは、クライアントから受けた名前解決の要求の結果を、用意しておいた別のIPアドレスを返却することで実現します。また、DNSが持つリソースレコードにはTTL（Time To Live）という値が設定されていて、クライアントが結果を一定時間キャッシュするようになっています。つまり、もしRoute 53が素早く障害を検知し、即座に別IPアドレスへのフェイルオーバーを開始したとしても、クライアントは、キャッシュを保持している一定時間、IPアドレスが切り替わったことに気付かないということになります。

　そのため、通常はElastic Load Balancingのフェイルオーバー機能を使っ
てサーバーの障害に備えておき、それでも賄えない場合や、ELB自体の障
害、AZやリージョンなどのもっと大規模な障害に備えてRoute 53のフェイ
ルオーバーが用いられます。

　これらのことを踏まえて、同じようにSLAが高い（99.999999999%）S3
などと組み合わせて、何か障害があったことをユーザーに知らせるだけの
ページ（sorryページなどと呼ばれます）を表示するといった使い方をし
ます。

8

Amazon CloudFront

細かな設定が可能なコンテンツ配信ネットワーク

Amazon CloudFrontはAWSにおけるコンテンツ配信ネットワークサービス（CDN；Content Delivery Network）です。CloudFrontを使いこなすためには、まずCDNを理解する必要があります。本Chapterでは、CDNを使わない／使う配信ネットワークや各種設定方法などを説明します。

CloudFront

ユーザーの近くで応答するよ
キャッシュを使ってサーバーの負荷を減らすんだ!

キャッシュを使って素早く応答

本来 Web サーバーがユーザーに渡していたコンテンツをCloudFrontがキャッシュして変わりに渡すことで応答スピードが速くなり、サーバーの負荷が減らせる。CloudFrontでキャッシュする情報はそれぞれどれくらいの期間で更新するかを選べる。

キャッシュがあるからこれあげる!

このページはそろそろサーバーからもらい直さなきゃ

拠点が多いから一番近くから応答

CloudFrontは世界中に (2021年時点) 265箇所あるエッジロケーションと呼ばれる場所にいる。サーバーより物理的にエンドユーザーに近い場所から応答できるので応答速度が速い。

近い

サーバー

遠い

ユーザー

セキュリティ対策も万全

CloudFrontにはデフォルトでAWS Shieldが有効になっているので、DDoS攻撃への対策が万全。CloudFrontを使うだけでセキュリティを高められる。

8.1 CloudFrontとは

Amazon CloudFront（クラウドフロント）は、AWSのCDN（Content Delivery Network）サービスです。CDNとは、Webサイトの閲覧に必要となるコンテンツ（HTMLファイルや画像など）をユーザーの端末に高速配信するための仕組みです。

コンテンツ配信のイメージ

一般的に、開発者が用意するコンテンツは、一元管理をするために1ヵ所のサーバーで管理します。しかし、世界中からリクエストされるコンテンツを1ヵ所のサーバーで配信管理することは効率的ではなく、かつ配信速度も遅くなります（**図8-1**）。

そこで、あらかじめ世界中に配置した複数の配信用サーバーにコンテンツのコピーを置いておき、管理サーバーの代わりに配信を実行してもらうという方法が考え出されました。これがCDNです（**図8-2**）。

図8-1　CDNを使わない配信ネットワーク

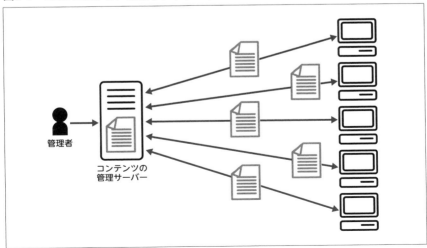

図8-2　CDNを使った配信ネットワーク

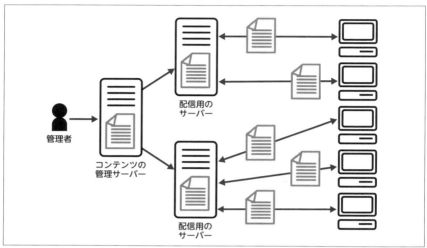

　コンテンツはユーザーの最寄りの配信用サーバーから配信すればよいため、コンテンツ管理サーバーの負荷が減ります。また、配信用サーバーは最寄りのユーザーからのリクエストだけを捌けばよいため、配信効率とレスポンス速度が向上します。

　CloudFrontでは、コンテンツの管理サーバーを「オリジン」、配信用サーバーを「エッジロケーション」、エッジロケーションにコピーされたコンテンツを「キャッシュ」と呼びます。

キャッシュの配置タイミング

　例として、日本にいるユーザーがブラジルのオリジンサーバーに保存されているコンテンツをリクエストしたとします（**図8-3**）。

　1回目のアクセスで、日本のユーザーは国内にあるエッジロケーションにキャッシュがあるかを確認します。初めてのリクエストの場合、キャッシュは存在していません。そのため、日本のエッジロケーションはブラジルのオリジンサーバーにアクセスをしてコンテンツをコピーし、ユーザーにレスポンスを返却します。

　2回目以降のアクセスは、日本のエッジロケーションにキャッシュが存在しているので、ブラジルのオリジンサーバーにアクセスせずにレスポンスを返却できます。つまり短時間でコンテンツを取得することが可能になります。

図8-3　キャッシュが設置されるタイミング

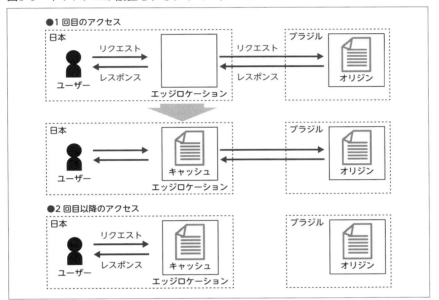

8.2　ディストリビューションの設定

　CloudFrontディストリビューションでは、コンテンツの配信元や配信方法など次のような項目などを設定できます。

- 配信元であるオリジン
- どのユーザーからのアクセスを受け付けるのか
- コンテンツへのアクセスの通信プロトコル
- CloudFrontでオリジンに送信するリクエストの設定

- どの国からのアクセスを制限するのか
- ビューワーのアクティビティを示すアクセスログを作成するかどうか

8.3　証明書連携

　CloudFrontでは、SSL/TLS証明書を設定することでHTTPS通信を実現できます。

　HTTPS通信とは、HTTP通信においてSSL/TLSと呼ばれる暗号化方式を利用したものです。

　証明書とはSSL/TLSを利用する際に必要となるものです。証明書を発行するには認証局による認証が必要であり、この証明書を確認することで信頼できるサイトかどうかを判断することができます。

　多くの人が日常生活でAmazonやYouTubeといったWebサービスを利用しています。同時にこれらのWebサービスと見た目がそっくりななりすましサイトも多数存在しています。それらのサイトは、クレジットカード番号の情報であったり私たちの個人情報を盗むことを目的としています。それらの、なりすましサイトから私たちを守る通信方式がHTTPSです。また私たちが入力した個人情報をサーバーに送信する際など、通信を暗号化することで悪意のある第三者からの盗聴を防ぐ目的もHTTPSにはあります。

　AWS Certificate Manager（ACM）が発行する証明書や信頼できるサードパーティー認証機関（DigiCert、GlobalSignなど）が発行する証明書を使用できます。

8.4　S3静的ホスティング連携

　静的なWebサイトとは、HTMLやJavaScript、画像、動画などのファイルが保存されているとおりに提供され、どのユーザーにも応答が変わらないサイトのことです。一方、動的なWebサイトというのは、ユーザーのリク

エスト内容に応じて応答が変わるサイトのことです。

たとえば、CloudFrontとS3を連携した場合、ユーザーからのリクエストに対して、S3に直接アクセスするのではなく、CloudFrontを経由させます。こうすることでサーバーやネットワークへの負荷を軽減でき、高速かつ安定したレスポンスが可能になります。

8.5 OAI

OAI（Origin Access Identity）は、CloudFrontからS3にアクセスする際に使用する特別な証明書のようなものです。S3側でどのCloudFront経由かを識別し、特定のCloudFront経由のみアクセスを許可するために使用します。

8.6 IPv6対応

IP（インターネットプロトコル）とは、インターネット接続された機器同士がデータ通信を送受信するための規約です。IPv6はIPの最新バージョンであり、旧バージョンであるIPv4のさまざまな問題を解決するために作られました。

CloudFrontのIPv6対応

CloudFrontでは、ディストリビューション単位でIPv6リクエストの対応可否を指定可能です。

IPv6ネットワークからIPv6対応のエッジロケーションにアクセス時は、自動的にコンテンツを取得してレスポンスします。エッジロケーションにコンテンツがない場合は、IPv4でオリジンサーバーに接続してコンテンツをコピーします。ディストリビューション登録時はデフォルトでIPv6対応可が選択されているため、意図的に対応不可を選択しないかぎりはIPv6対応となります。

8.7　オリジン

AWSのCDNはオリジンとエッジロケーションのネットワークによって成立しています。エッジロケーションを設けてオリジンのコンテンツコピー（キャッシュ）を置くことによって、データ配信コスト削減とアクセスユーザーへの高速配信を実現しています（**図8-4**）。

図8-4　ユーザーとエッジロケーションとオリジンの地理的関係

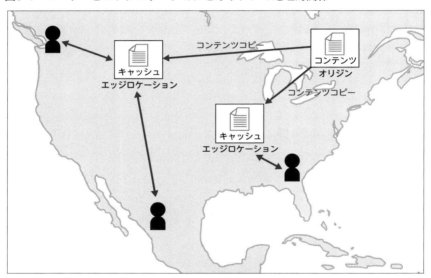

Webサイトの静的コンテンツデータを格納しておくオリジンには、S3が比較的よく使われています。S3のオブジェクトキーの構造は、コンソールの表示上、CloudFrontのリクエストURLのパスパターン指定と対応させやすいものとなっています。

一方、動的Webサイトの例としてはEC2などのサーバーを選択するケースでしょう。一般的に、動的コンテンツを配信するサーバーは冗長化するため、オリジンにはEC2の前面に配置されるElastic Load Balancing（次章）を選択することが多くあります。

8.8 Behavior

Behaviorとは、エッジロケーションにあるキャッシュのTTL（Time To Live；生存時間）を設定するための機能です。指定URLのパスパターンで取得するコンテンツに対して、詳細なTTL設定が可能です。なぜそのような設定が必要なのでしょうか。

オリジンからエッジロケーションにコピーされたキャッシュを使うことで、データ配信コストを削減し、高速なコンテンツ配信が可能となりました。しかし、オリジンのコンテンツとキャッシュが常に同じ内容であるとは限りません。

Webサイトの更新に伴ってオリジンのコンテンツが変更された場合、エッジロケーションのキャッシュとの間に内容の差分が発生します。キャッシュを最新にするためにはオリジンへのリクエストが必要ですが、エッジロケーションにはキャッシュが存在するため、アクセスユーザーへのレスポンスデータが最新の内容に更新されることはありません。

図8-5　コンテンツキャッシュをレスポンス（イメージ）

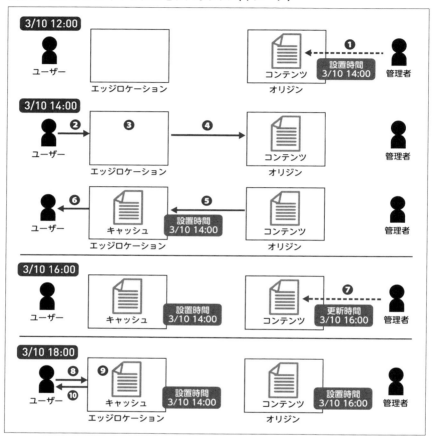

【3/10 12:00】
　❶管理者がオリジンのコンテンツを新規に設置
【3/10 14:00】
　❷ビューワーリクエスト：ユーザーがエッジロケーションにアクセスする
　❸キャッシュチェック：キャッシュがないためキャッシュミスが発生する
　❹オリジンリクエスト
　❺オリジンレスポンス：キャッシュが設置される
　❻ビューワーレスポンス

【3/10 16:00】
　❼管理者がオリジンのコンテンツを更新（＝オリジンとエッジロケーションのコンテンツが異なる）

【3/10 18:00】
❽ビューワーリクエスト：ユーザーがエッジロケーションにアクセスする
❾キャッシュチェック：14:00にキャッシュされたものがヒットする
❿ビューワーレスポンス：14:00にキャッシュされたもの

　アクセスユーザーにはなるべく最新のコンテンツデータを表示させたいでしょう。そこで、キャッシュのTTL（生存時間）という概念が必要となります。

キャッシュのTTL（Time To Live）

　TTLとは生存時間のことです。エッジロケーションでのキャッシュチェック時、TTLを過ぎたキャッシュは生存時間外と判定され、新しいキャッシュを作成するためにオリジンリクエストが実行されます。

　例えば、コンテンツキャッシュに24時間のTTLを設定した場合を考えてみます（図8-6）。コンテンツがエッジロケーションにキャッシュされて24時間は、リクエスト時にこのキャッシュをレスポンスします。しかし24時間経過後の最初のリクエストでは、エッジロケーションにTTL範囲内のキャッシュが存在しないと判定されてオリジンリクエストが実行されます。そして、再びTTLが24時間に設定された最新のコンテンツがエッジロケーションにキャッシュされます。

図8-6　TTLを設定したコンテンツキャッシュをレスポンス（イメージ）

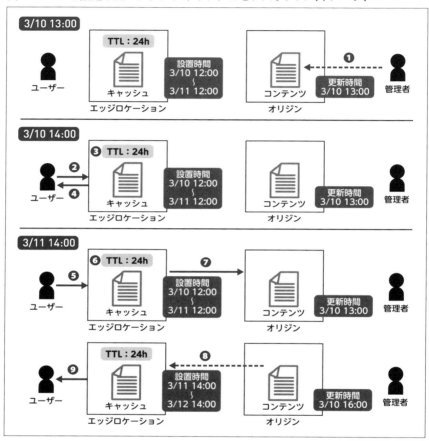

【3/10 14:00】
❶管理者がオリジンのコンテンツを更新（＝オリジンとエッジロケーションのコンテンツが異なる）

【3/10 14:00】
❷ビューワーリクエスト
❸キャッシュチェック：古いコンテンツがヒットする
❹ビューワーレスポンス

【3/11 14:00】
❺ビューワーリクエスト
❻キャッシュチェック：TTL範囲外と判断
❼オリジンリクエスト

❽オリジンレスポンス
❾ビューワーレスポンス

Behaviorの適用例

Behaviorでは、オリジンとURLパスパターンの組み合わせで指定したコンテンツに対してキャッシュ設定を適用します。パスパターンに＊（アスタリスク）を使用することで、キャッシュ適用対象のコンテンツを柔軟に指定可能です。

表8-1　Behaviorの設定例

Behavior	優先順位	パスパターン	オリジン	キャッシュ設定			
				TTL	キャッシュキー		
					HTTPヘッダー	クエリ文字列	クッキー
D	0	/finance/chart.html	S3：finance	5sec	Host, User-Agent	ref, split-pages	session_id
C	1	/article/*	S3：article	24h	Host, Accept	id	session_id
B	2	/finance/*	S3：finance	24h	Host, Accept-Language	id	session_id
A	3	デフォルト(*)	S3：finance	24h	Host, Referer	id	session_id

表8-1の設定例のアクセスケースは次のとおりです。

■ ケース1

- アクセスURL：https://example.com/finance/error.html
- 適用されるキャッシュ設定：Behavior B

■ ケース2

- アクセスURL：https://example.com/finance/chart.html
- 適用されるキャッシュ設定：Behavior D

注意点は、コンテンツ（Webページ）の性質をよく考えてTTLの設計を

組む必要があることです。例えば、株価などのように表示内容の更新頻度
が高いページを「TTL：24h」で設定してしまうと、1日に一度しかWebペー
ジの内容が変わりません。そのため、Behavior：Dのように、キャッシュ
設定でTTLを短めに設定するなどの調整が必要です。

　つまり、キャッシュTTLを長めに設定したほうが良いものは、一定間隔
で頻繁にアクセスされない、もしくはデータの古さが問題とならないコン
テンツです。逆にキャッシュTTLを短めに設定したほうが良いものは表示
内容が頻繁に更新されるコンテンツです。

キャッシュチェックのTTLはどのように採用されるか

　キャッシュチェック時のTTLの算出工程は、実はかなり複雑です。TTL
の算出には、Behaviorのキャッシュ設定（最小TTL、最大TTL、デフォル
ト TTL）に加え、オリジンコンテンツのメタデータ設定、Webブラウザの
キャッシュ情報が使用されます。

- コンテンツがキャッシュに保持される期間 (有効期限) の管理
  ——CloudFrontがオブジェクトをキャッシュする期間の指定
  https://docs.aws.amazon.com/ja_jp/AmazonCloudFront/latest/
  DeveloperGuide/Expiration.html#ExpirationDownloadDist

キャッシュキー

　キャッシュキーとは、エッジロケーションにあるキャッシュオブジェク
トを一意に特定するためのキーです。ビュワーリクエスト時のHTTPヘッ
ダーとURLクエリ文字列、クッキー情報で構成されており、キャッシュ
チェック時にキャッシュヒットが発生するかどうかを決定します。

　キャッシュキーには、ビュワーリクエストに含まれているデフォルトの
値に加え、任意の値も追加できます。ただし、検索項目を増やすことによっ
て合致条件が厳しくなるため、キャッシュミス（キャッシュの検索結果が

ない）の発生が増えます。結果としてオリジンへのリクエストが増えてキャッシュ効率の低下に繋がるため、追加設定には注意が必要です。

また、キャッシュキーは、オリジンリクエスト時のコンテンツ検索にも使われます。

8.9 キャッシュポリシー

Behaviorでは、TTLとキャッシュキーなどのキャッシュ設定を直接登録可能です。しかし、Behaviorの登録で毎回同じ内容のキャッシュ設定を登録するのは手間がかかるでしょう。

そこで、キャッシュ設定だけをBehaviorから切り出して、ユースケース単位で管理できるようにしたものがキャッシュポリシーです。これにより、複数のBehaviorで同一のキャッシュポリシーを使い回すことが可能です。

キャッシュポリシーでは、TTLとキャッシュキーに加えて、コンテンツとキャッシュの圧縮設定が可能です。

キャッシュポリシーは任意の設定で作成することが可能です。よく使われるキャッシュ設定はデフォルトのキャッシュポリシーとしてあらかじめ用意されています。

8.10 オリジンリクエストポリシー

オリジンリクエストポリシーとは、キャッシュミス時にオリジンへのリクエストに含める情報であり、オリジンでコンテンツを検索するために使われます。

キャッシュポリシーと同様に、ユースケース単位であらかじめ登録しておくことによって、Behaviorに指定が可能です。また、よく使われる設定はデフォルトのオリジンリクエストポリシーとしてあらかじめ用意されています。

　注意点は、オリジンリクエストには常にキャッシュキーの情報が含まれていることです。これは、エッジロケーションとオリジンで同一のコンテンツを検索するためです。つまり、オリジンリクエストポリシーにはキャッシュキーと同じ情報の指定は不要であり、オリジンでコンテンツを検索するHTTPヘッダーとURLクエリ文字列、クッキー情報のみを指定する必要があります。

8.11　HTTP圧縮

　CloudFrontのCDNでは、ダウンロード時のファイルを圧縮することによって、データ転送コストの削減とダウンロード時間の短縮が可能です。圧縮形式はGzipとBrotliに対応しており、Behaviorで自動圧縮をONにするか指定キャッシュポリシー設定で圧縮形式をONにすることで設定可能です。

　配信フロー自体は圧縮の未設定時と同様ですが、各リクエストにAccept-Encodingヘッダー情報、ビュワーレスポンスにContent-Encodingヘッダー情報が含まれている必要があります。ビュワーリクエスト時のAccept-Encodingヘッダー情報は、現在ある主要なWebブラウザでは自動送信していますので、アクセスユーザーが気にする必要はありません。

9

Elastic Load Balancing

ネットワークトラフィックを分散して、
アプリケーションのスケーラビリティを向上させる

Elastic Load Balancing（ELB）は、ネットワークトラフィック
を複数のターゲットに自動分散させる機能で、3種類のロードバラ
ンサーをサポートしています。本Chapterでは、利用するメリット
をシステム構成図を元に整理し、細かな機能の説明に進みます。シ
ステムを安定的に稼働させるためには大切な機能です。

ELB

タスクの負荷は大丈夫？ 振り分け方を考えるよ

アクセスを振り分けて負荷を抑える

ELBはアクセスを最初に受け取って、実際に処理する複数のサーバーにアクセスを振り分ける。複数のサーバーを使って負荷を減らしたいときの司令塔になる。

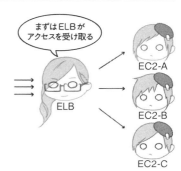

まずはELBがアクセスを受け取る

ELB

EC2-A

EC2-B

EC2-C

メンバーの健康状態をチェック

ELBでは振り分け先のサーバーに対してヘルスチェック（応答確認）を行い、正しく稼働しているサーバーにしかアクセスを振り分けない。

EC2-Bの反応がおかしいな。振り分けるのやめておこう

404

ELBには3つの部隊がいる

ALB
HTTP/HTTPS専用でもっともよく使う。
URLで振り分け先を変えられる。

NLB
TCP/UDPに幅広く対応し、高速処理向き。
IPアドレスの固定も可能。

CLB
一番古くからある。
現在はあまり使われない。

9.1 Elastic Load Balancing（ELB）とは

ELBは、受信した通信を指定した複数の宛先（ターゲットグループ）に自動的に分散させる機能（負荷分散機能）を持ちます。これにより処理能力や耐障害性を高めることができ、システム障害発生時、サービス影響を最小限に抑えることが可能です。AWSにおけるWell-Architectedフレームワークの設計原則に従い、単一障害点をなくすためにELBを使用しましょう。

● Elastic Load Balancingとは？

```
https://docs.aws.amazon.com/ja_jp/elasticloadbalancing/latest/
userguide/what-is-load-balancing.html
```

ELBを使うメリット

単一障害点の例として、**図9-1**のようにEC2とRDSを使ったサービスを構築した場合、EC2に障害が発生するとRDSにアクセスできなくなり、サービスが停止してしまいます。そこで、**図9-2**のようにELBを使ってシステム内部へのアクセス先を振り分けることでサービスの耐障害性を高められます。

図9-1　単一障害点の例

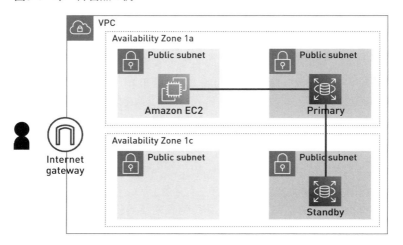

図9-2　ELBを利用した場合

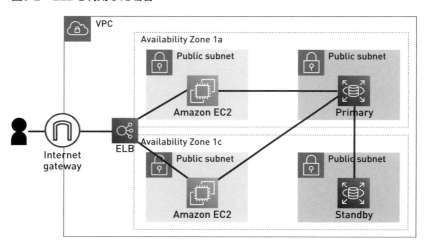

ELBの特徴

　次の項目が挙げられます。ヘルスチェック機能とSSL/TLS通信の終端（接続処理の終わり）については後述します。

- ● ロードバランサーにはDNS名のアクセスポイントが付与される

- ヘルスチェック機能がある
- SSL/TLS通信の終端となる

ELBの種類

ELBには次の3種類があり、用途に応じて適切な種類を選ぶことが必要です。

- Application Load Balancer （ALB）
  L7レイヤー（HTTP/HTTPS）の負荷分散に使用
- Network Load Balancer （NLB）
  L4レイヤー（TCP/UDP/TLS）の負荷分散に使用
- Classic Load Balancer （CLB）
  L7およびL4レイヤー（HTTP/ HTTPS/TCP/SSL/TLS）の負荷分散に使用

なお、CLBは古いタイプのロードバランサーであるため、現在では非推奨となっています。特別な理由がなければALBかNLBを選びます。

- Elastic Load Balancingの特徴：製品の比較
  https://aws.amazon.com/jp/elasticloadbalancing/features/#Product_comparisons

9.2 Application Load Balancer （ALB）

ALBはL7レイヤー（HTTP/HTTPS）の負荷分散に使用されます。主にユーザーからのアクセスを受け付けて、配下のサービス（EC2インスタンスやLambda関数など）に負荷分散をするために使用されます。ALBの配置イメージは図9-3のとおりです。

ALBはパスベースルーティング（後述）などのコンテンツベースのルー

131

ティングをサポートしており[注1]、さまざまな条件で負荷分散できることが特徴です。

図9-3 ALBの配置イメージ

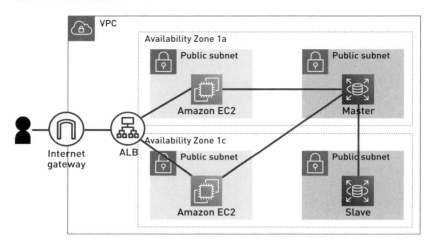

9.3 Network Load Balancer (NLB)

NLBはL4レイヤー（TCP/UDP/TLS）の負荷分散に使用されます。主にAWS内部で負荷分散が必要な際に使用され、ALBと組み合わせて使用されることもあります（**図9-4**）。

注1 「AWS Black Belt Online Seminar」──「Elastic Load Balancing（ELB）」（P.42）
https://www.slideshare.net/AmazonWebServicesJapan/20191029-aws-black-belt-online-seminar-elastic-load-balancing-elb

図9-4 NLBの配置イメージ

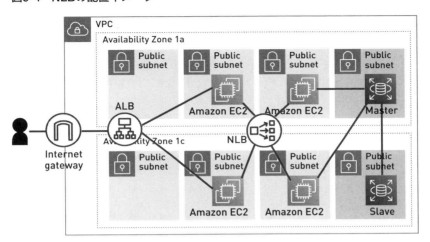

　NLBは高可用性／高スループット／低レイテンシが特徴です。言い換えると「停止しづらい」「処理可能なデータの量が多い」「データ転送時の遅延が少ない」ということです。また、突発的なアクセス急増（スパイク）時、自動で処理性能の増強（自動スケーリング）が可能です。

　例えば、ある日突然SNSでサービスが注目を集めてアクセスが急増した場合、NLBは自動スケーリングするためエラーは発生しません。一方で、ALBを使用していた場合は503エラー（サービス利用不可のエラー）が返される可能性があります。ALBで急激なスパイクに対応するには、事前にAWSのサポートに連絡してスケーリングの申請が必要となるため、こうしたケースには適していません[注2]。

9.4 ターゲットグループ

　ターゲットとはリクエストの振り分け先となる対象のことで、それらを

注2　「AWS Black Belt Online Seminar」――「Elastic Load Balancing（ELB）」(P.40)
https://www.slideshare.net/AmazonWebServicesJapan/20191029-aws-black-belt
-online-seminar-elastic-load-balancing-elb

グループ化したものがターゲットグループです。**図9-4**では、ALB配下に
ターゲットグループを作成し、EC2インスタンス2台をそれぞれターゲッ
トとして登録します。また、NLB配下にもターゲットグループを作成し、
EC2インスタンス2台をそれぞれターゲットとして登録します。ターゲッ
トグループを設定すると、ターゲットの状態監視が可能になり、耐障害性
が高まります。

　NLBおよびALBで設定可能なターゲットグループの対象は次のとおりです。

- NLB：インスタンス・IP・ALB
- ALB：インスタンス・IP・Lambda関数

9.5　リスナー

　リスナーとは、接続リクエストをチェックするプロセスです。クライア
ント（ユーザーやインスタンス）からどのようなプロトコルでアクセスを
受け付けるかを定義し、ターゲットグループへ通信を負荷分散します。

　リスナーはALBとNLBにおいて、それぞれデフォルトで次のようにポー
ト番号が定義されています。

- ALB
  HTTP：80、HTTPS：443
- NLB
  TCP：80、TCP_UDP：53、UDP：53、TLS：443

9.6　スティッキーセッション

　ELBのターゲットグループに2台のEC2インスタンスが登録されている
状況を例にスティッキーセッションを説明します。

通常、ELBは複数のEC2インスタンスにユーザーからのアクセスをランダムに振り分けますが、アプリケーションの作り方によっては少々困ったことが起こります。例えば、アプリケーションがユーザーのセッション情報（アクセスしたユーザー固有の情報や操作情報などをひとかたまりにしたもの）を保持するような仕様だとします。そのセッション情報をEC2インスタンス内で保持する前提で作られている場合、ユーザーからのアクセスを毎回同じEC2インスタンスに振り分ける必要があります。つまり、もう片方のEC2インスタンスにアクセスを振り分けられるとうまく動作しません。

これを解決するのがスティッキーセッションの機能です。スティッキーセッションとはELBがサーバーにリクエスト振り分ける際、特定のユーザーからのアクセスはすべて同じEC2インスタンスに確実に紐付けて通信を割り当てる機能です。

スティッキーセッションの仕組み

スティッキーセッションは2種類あり、Cookie^{コラム参照}の生成場所の違いによって次のような違いがあります。

■ 期間ベース

期間ベースでは、ALBが有効期限や接続先などの情報をCookieとして生成し、暗号化したうえでクライアントPCへ渡します。以後、ALBはクライアントから渡された暗号化Cookieを復号し、Cookie情報に基づいてアクセスを特定のターゲットに渡します。

■ アプリケーションベース

アプリケーションベースでは、ALBが初回に割り振ったターゲット先のアプリケーションが任意の情報を入れたCookieを生成します。ALBはこのCookieをクライアントに渡す前に暗号化し、Cookie名にはターゲットを識別できる名前にしてクライアントへ渡します。以後、ALBはクライアント

から渡された暗号化Cookieを復号しますが、Cookie名に基づいて特定の
ターゲットに渡します。

COLUMN

Cookieとは

　Cookie（クッキー）とはユーザーがWebサイトへ入力した情報や操作
情報を、一次的にユーザーのPCに保存したファイルを指します。クッキー
の由来はフォーチュンクッキーという、おみくじがクッキーの中に入って
いる様子が、情報が入っているように似ているところから命名されたと言
われています。なお、Cookieはブラウザごとに保存されるので、正確に
はブラウザごとに同じEC2インスタンスにアクセスできます。

9.7　ヘルスチェック

　ヘルスチェックとはターゲットグループに所属しているEC2インスタン
スなどの正常性確認をする機能です。ヘルスチェックがあることで、ELB
は正常に動作しているターゲットのみにアクセスを割り振ることができま
す。

　具体的なヘルスチェック（NLBの場合）の流れは次のとおりです。

①NLBはターゲットグループに所属しているターゲットにヘルスチェッ
　クのためのpingを実行する
②ヘルスチェックが3回（回数は変更可能）連続失敗すると、NLBはター
　ゲットのステータスを「Unhealthy」に変更する。以後、Unhealthyの
　ターゲットに対してアクセスを振り分けない（ターゲットすべてが
　Unhealthy状態を除く）
③サービス停止中のターゲットに対しても定期的にヘルスチェックする

④ サービス停止中のターゲットに対してpingが3回連続成功すると、NLB
はターゲットのステータスを「Healthy」に戻し、アクセスの割り振り
を再開する。またNLBはAuto Scalingグループと連携できるので、ヘ
ルスチェックの結果（Healthy／Unhealthy）を渡し、異常なインスタ
ンスの停止や追加インスタンスの起動が可能

9.8 パッシブヘルスチェック

　NLBではパッシブヘルスチェックもサポートしています（TCPのみ）。
前節のヘルスチェックでは、ターゲットがUnhealthy状態でアクセスが割
り振られてもELB自体は何もしません。それに対して、パッシブヘルス
チェックではターゲットからの応答をチェックし異常が生じた際にはクラ
イアントにTCP RST（接続を中断／拒否する通信パケット）を送信し、通
信のリセットを促すことで信頼性を向上します。

9.9 External（外部）／Internal（内部）

　External ELBとは、インターネットの外からアクセスされるELBを指し
ます。外部ELB導入の主なメリットはアクセスの負荷分散によるパフォー
マンス向上と、可用性向上です。
　一方のInternal ELBとはAWS内部からのみアクセスされるELBです。内
部ELB導入メリットはシステムを疎結合状態にすることです。3層アーキ
テクチャーの各層に内部ELBを配置することでシステムの可用性、拡張性
が向上します。例えば、図9-5のような構成の場合、第2層のEC2インスタ
ンス1台に障害が発生しても、ELBは正常なEC2インスタンスにアクセス
を振り分けてくれるのでシステムの可用性が向上します。第3層のDB1台
に障害が発生した場合も同様です。このように内部ELBは可用性、拡張性
の観点から非常に重要な役割を果しています。

図9-5　3層アーキテクチャー

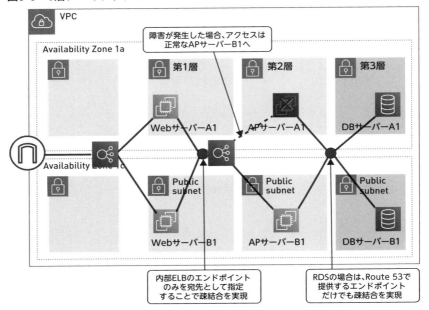

9.10 パスベースルーティング

　パスベースルーティングは、クライアントからのリクエストURLに含まれる文字列パターンごとに、ELBが振り分けを指定します。

　パスベースルーティングを使うケースとして、小規模なWebサイトからAmazonなどの数百万人が同時に利用するような多数のWebサーバーが存在するショッピングサイトまでさまざまあります。

　ショッピングサイトでは商品の購入処理に比べ、商品検索に多大な負荷がかかります。商品検索の負荷を軽減するため、検索用のWebサーバーと、購入用のWebサーバーを分けて設置し、URLによって振り分け先を変えるパスベースルーティングが必要になります。

　たとえば、検索ページと購入ページを次のように表記する場合、「/search/」と「/buy/」で振り分け先を変更できます（**図9-6**）。

● 検索ページ（例）

```
https://www.ex.com/search/index.html
```

● 購入ページ（例）

```
https://www.ex.com/buy/index.html
```

図9-6 パスベースルーティング

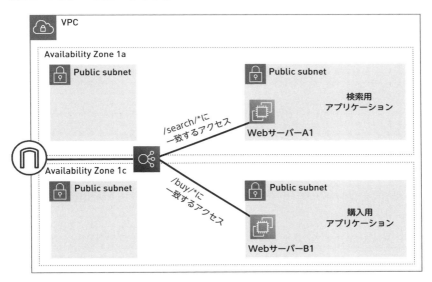

www.ex.com以降の/search/index.htmlの部分をパスと呼びます。パスベースルーティングではワイルドカードを使ってパス名をパターン化することも可能です。文字列パターンには、通常の文字列の他にワイルドカードと呼ばれるパターンマッチ記号が使えます[注3]。

注3　Application Load Balancerのリスナー：パスの条件 https://docs.aws.amazon.com/ja_jp/elasticloadbalancing/latest/application/load-balancer-listeners.html#path-conditions

9.11　SSL/TLSターミネーション

　通常、HTTPS通信を行う場合、WebサーバーにSSL証明書のインストールが必要です。しかし、ELBのターゲットグループに複数のWebサーバーが登録されている場合、すべてのWebサーバーにSSL証明書をインストールすると、SSL証明書の管理が煩雑になるだけでなく、SSL通信の暗号化／復号でWebサーバーに負荷がかかることになります。

　これらの課題を解決するため、ELBにはSSLターミネーションという機能があります。

　SSLターミネーションの具体的な動きは、SSL証明書を事前にALBにインストールし、SSL証明書を使ってALBがクライアントとの間のSSL通信を確立します。ALBはクライアントからのHTTPS通信を受け取って復号し、Webサーバーへ通常のHTTP通信を渡します。また、Webサーバーからのおtp通信を受け取って暗号化し、クライアントへHTTPS通信として渡します。

　SSLターミネーションとはALBがSSL通信をterminate（打ち切り）することです。次のようなメリットがあります。

- ALB1台にSSL証明書がまとまる
- 本来Webサーバーが受け持つSSL通信の暗号化、復号の処理をALBが代行することにより、Webサーバーのパフォーマンスが向上する
- ELBはACM（AWSが提供する無料の証明書発行サービス）を使うことができ、証明書の自動更新も簡単になる

AWS以外のクラウドは選択肢になるか

　AWS以外のクラウドサービスとして「Microsoft Azure」や「Google Cloud Platform（GCP）」以外にも数多くのクラウドサービスが存在します。それぞれのクラウドサービスには特徴や強みなどが異なり、最新情報を追っていくのは大変ですが、AWS以外にも目を向けておくのは大切です。

　次のWebサイトでは3大クラウドサービス（AWS／Azure／GCP）の機能を「コンピュートリソース」「ストレージ」「データベースサービス」「ネットワーク」「アプリケーション開発」「運用管理」「セキュリティ」「その他の主要なサービス」に分けて比較されています。

● 3大クラウドAWS、Azure、GCPの機能を比較したら見えてきたサービスごとの違いと特徴とは？

https://www.topgate.co.jp/aws-azure-gcp

　こういったWebサイトからも情報を入手できるので、うまく活用してください。

　常に1つのクラウドサービスだけを利用し続けるのではなく、例えばフロントエンドの基盤はAWSを採用し、データ分析の基盤はGCPを採用するマルチクラウド構成も、今後検討する必要が出てくるでしょう。目的に応じて手段（＝クラウドサービス）は上手に使い分けしたいものです。

10

セキュリティの
基礎知識

セキュリティリスクに対応するために
知っておきたいこと

　インターネットを利用する場合、常にセキュリティリスクを考え
ておく必要があり、クラウドサービスを利用する場合も例外ではあ
りません。本Chapterでは、セキュリティリスクに対応するための
「ネットワークセキュリティ」「サイバー攻撃対策」「データ保護（暗
号化）」 について説明します。 なお、「権限管理」 については
Chapter 11：AWS IAMで説明しています。

10.1　ネットワークセキュリティ

　インターネット上の通信では、盗聴や改ざん、なりすましを受けるリスクがあります。

攻撃手法

■ 盗聴

　盗聴とは悪意を持った第三者により、インターネット上に流れる情報を盗み見られることです。例えば、オンラインショッピング中に行き交っているデータを盗み見られ、個人のクレジットカード番号や住所などの付随する重要情報を第三者に知られてしまうことが挙げられます。

■ 改ざん

　改ざんとは情報の送信元と送信先以外の第三者により、情報の内容を書き換えられることです。オンラインショッピングの例で言えば、行き交っているデータに侵入されて、注文数を書き換えられてしまうことです。

■ なりすまし

　なりすましとは、本物に似せて作られた偽のWebサイトへ利用者を誘導し、そのサイト上で情報を入力させることで個人情報などを不正に取得することです。例えば、ECサイト運営者になりすまし、クレジットカードの番号や住所等の顧客情報を取得し、悪用することが挙げられます。

攻撃への対策例

　これらの攻撃に対応するため、インターネット上の通信では通常は電子証明書（SSL/TLSサーバー証明書）を用います。

　SSL/TLSサーバー証明書とは、SSL（Secure Socket Layer）/TLS（Transport

Layer Security）暗号化通信を行うための電子証明書です。デジサート、
Let's Encrypt社などの信頼された認証局は、情報通信先のサーバーのサイ
ト運営組織が実在している場合に電子証明書を発行します。クライアント
（Webブラウザなど）やサーバー間（サーバー同士でも可能）で通信する際、
電子証明書の有無に応じて通信が許可されます。

　SSL/TLS証明書には暗号化通信、サイト実在証明の2つの機能があります。

■ 暗号化通信

　ブラウザとサーバー間で暗号化通信を行い、クレジットカード番号や住
所など重要情報の盗聴を防ぎます。また暗号化されていることで、データ
改ざんを防ぐこともできます。

■ サイト実在証明

　信頼される認証局がサイト運営企業に対して審査し、その実在性を証明し
たうえでSSL/TLSサーバー証明書を発行します（なりすましを防止します）。

　AWSが提供するサーバー証明書発行サービスには「ACM」があります。
ACM（AWS Certificate Manager）はSSL/TLSサーバー証明書を無料で発行
できるサービスです。また、他で有料で購入したSSL/TLSサーバー証明書
をインポートして使うことも可能です。 ACMで発行した証明書はELBや
CloudFrontなどでHTTPS通信を提供するために使えます。ただしEC2を直
接公開する場合には使えません。

　証明書発行時にDNS検証を使うと有効期限が近づいた際に自動で更新し
てくれるので、期限切れを心配する必要がなくなります。

10.2 サイバー攻撃対策

　外部からのサーバーに対する主なサイバー攻撃として、DDoSやクロス
サイトスクリプティング、SQLインジェクションがあります。

攻撃手法

■ DDoS

DoS攻撃（Denial of Service attack；サービス拒否攻撃）とは、Webサイトやサーバーに対して過剰なアクセスやデータを送付するサイバー攻撃です。複数のコンピューターから大量にDoS攻撃を行うことを、DDoS攻撃（Distributed DoS；分散型DoS）と言います。

DDoS攻撃を受けると、サーバーやネットワーク機器などに対して大きな負荷がかかるため、Webサイトへのアクセスができなくなったりネットワークの遅延が起こったりと、サービスを運営できない状況まで追い込まれることがあります。

■ クロスサイトスクリプティング

ユーザーのアクセス時に表示内容が生成される「動的Webページ」の脆弱性を突く攻撃方法で、Web掲示板などユーザーが自由に書き込めるWebフォームに、悪意のあるHTMLタグやJavaScriptなどのスクリプトを挿入することにより起こすサイバー攻撃です。

被害者（ユーザー）はWebフォームに入力した情報を攻撃者が用意したDBに送信されたり、Cookie情報を抜き出して不正ログインを行われたり（セッションハイジャック）、攻撃者が用意した別のサイトへ誘導されるなど、スクリプトの内容によっていずれかの被害に繋がる可能性があります。

Webサイトの管理者が意図しないうちに加害者になってしまう可能性もあるため、十分な注意と対策が必要な攻撃の1つです。

■ SQLインジェクション

インジェクションとは、英語で"注入"を意味します。SQLの命令を攻撃対象のWebサイトに注入する攻撃です。

例えば、任意のキーワードでデータベースを検索できるWebフォームがあるとします。セキュリティ対策が甘い場合、攻撃者がキーワードに悪意を持ったSQL文を入力し検索すると、そのSQL文の内容が実行されてしま

います。これにより、データが奪われてしまったり、改ざんされてしまったりすることがあります。

攻撃への対策例

WAFとIPS/IDSがあります。こちらの2つのサービスはよく比較対象になりますが、守っているレイヤーが異なります。

■ WAF

WAF（Web Application Firewall）はWebアプリケーションの保護を目的としたシステムです。Webアプリケーションに対して送信されるリクエストを解析し、不正な文字列が含まれているか判断します。また、通信自体を監視することで正常なリクエストのみが送信されるようにします。

Webサービス上の入力フォームに不正文字列を入力するSQLインジェクションやパスワードリスト攻撃、不正スクリプトを埋め込むクロスサイトスクリプティングなどに有効です。

AWSでは「AWS WAF」というサービスがあります。

■ IDS/IPS（不正通信防御／検知システム）

IDS（Intrusion Detection System）は、不正なアクセスがないかをリアルタイムでチェックし、疑わしい内容があれば管理者に通知します。IPS（Intrusion Prevention System）は、IDSの機能に加えて不正なアクセスの侵入を遮断します。

IDS/IPSに対応するサービスとして、AWSでは「AWS Network Firewall」があります。

■ AWSのセキュリティ対策サービス

「AWS WAF」と「AWS Network Firewall」以外にも次のようなサービスがあります。

- Amazon GuardDuty

  AWS内の各種ログを監視し、悪意ある第三者による攻撃や不正操作などのセキュリティ脅威を検知するサービス。AWSのアカウント乗っ取りなどのクラウド特有な脅威にも有効

- Amazon Detective

  AWS環境における不審なアクティビティを検知したあとの分析や調査をより迅速にかつ効率的にするためのサービス

- Amazon Inspector

  AWSのEC2インスタンスに対する脆弱性診断

なお、DDoS攻撃にはネットワークレイヤーごとに対応するサービスが存在します。

- レイヤー7　　：AWS WAF
- レイヤー3/4　：AWS Shield

10.3 データ保護（暗号化）

データが悪意のある第三者からアクセスされることを防ぐため、データを暗号化します。S3やRDSなどのデータを暗号化するためには暗号化キーが必要となり、暗号化の方式を検討する際には、鍵をどこで管理するかを検討する必要があります。

暗号化キーの管理場所に関しては、次の2つがあります。

- ユーザー自身の責任で管理／保管する（ユーザーが生成した暗号化キーをAWSに持ち込み自ら暗号化する）
- AWS側で管理する

また、AWS側で管理する場合は次のサービスがあります。

- AWS KMS（AWS Key Management Service）
- AWS CloudHSM（Hardware Security Module）

AWS KMS、CloudHSMの大きな違いは管理の厳密性です。

■ AWS KMS
- AWS管理のサーバーを共有で利用し、そこで暗号化キーを管理する
- システム的に他の組織へのアクセス制限はされているが、物理的には同じサーバー上に存在する
- CloudHSMに比べると安価に利用できる

■ AWS CloudHSM
- ユーザーのVPC内に配置され、他ネットワークから隔離された専用のハードウェアで暗号化キーを保管する
- CloudHSMのほうがより安心してキーを管理できる
- KMSに比べると高価

これら以外にもAWSサービス自身による暗号化もあります。代表例はS3の標準機能による暗号化です。

また、データ暗号化から少し外れますが、Amazon Macieというサービスを利用すると機械学習とパターンマッチングを使用してAWSの機密データを検出して保護することができます。ユーザーが無意識にIAMアクセスキーが含まれたデータをS3にアップロードしてしまうなどのミスを検知できます。

- AWSセキュリティのベストプラクティス
  https://d1.awsstatic.com/whitepapers/ja_JP/Security/AWS_Security_Best_Practices.pdf

11

AWS IAM

AWSのサービスとリソースへのアクセスを
安全に制御する認証／認可サービス

　システムへのアクセスを安全に制御する仕組みはオンプレでもク
ラウドでも同様です。AWS IAMはAWSサービスやリソースへのア
クセスを制御するサービスです。本Chapterでは、ユーザーやグ
ループの捉え方、管理ポリシーの適用方法などを解説します。

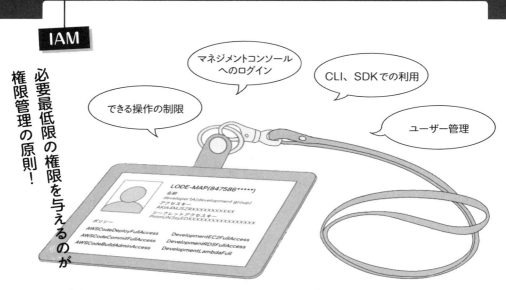

必要最低限の権限を与えるのが権限管理の原則!

ポリシー

各サービスに対してできる操作をまとめたもの。デフォルトで用意されているAWS管理ポリシーと、自由に変更できるカスタマー管理ポリシーがある。

ラジャー！

起動！

停止！

ユーザー

マネジメントコンソールへのログインや、CLI、SDKの利用をする際の認証情報として使われる。ユーザーにポリシーをアタッチして、できる操作を制限する。

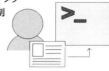

ロール

ポリシーをアタッチしてできる操作をひとまとめにしたもの。ロールはユーザー、AWSサービス、IDプロバイダーなどいろいろなものに付与して一時的に操作を許可することができる。

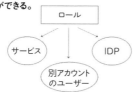

グループ

ユーザーをひとまとめにして権限の変更などの管理をしやすくしたもの。

11.1　IAMとは

IAM（Identity and Access Management）とはAWSへの認証、AWSリソースへの認可を制御するサービスです。

認証とはAWSにログインするユーザーが正しいかを判断する機能です。認可とはAWSリソースへの操作権限を管理する機能です。AWSリソースへの認可を活用することで、次のような問題を防ぐことができます。

■ 開発環境のEC2を削除するはずが、本番環境のEC2を誤って削除してしまう

IAMで操作権限が適切に制御されている場合、意図しないAWSリソースへの操作を制御し未然に防ぎます。

■ 不正ログインによってIAMユーザーが乗っ取られた

すべてのAWSリソースの操作権限があれば自由にAWSリソースを新規作成することができます。IAMで操作権限を適切に制御することで被害を最小限に抑える効果が見込めます（乗っ取られたIAMユーザーの操作権限にもよります）。

11.2　ルートユーザー

ルートユーザーとは、AWSアカウントとアカウント内のすべてのリソースへの操作権限を保有しているアカウントです。

AWSアカウント発行時に作成され、アカウント名、Eメールアドレスの設定、サポートプランの変更、アカウントの解約といったAWSアカウント全体を管理するためのユーザーです。

AWSアカウントルートユーザーアクセスキーIDをロックする

万が一の情報漏えい対策として、ルートユーザーのアクセスキーIDは
ロックしておきましょう。

AWSのユーザー認証にはパスワード以外にもアクセスキーID／シーク
レットアクセスキー（実態はランダムな英数字の文字列）を使用した方法
があり、これが万が一漏えいするとユーザー同等の権限を持った操作が可
能となります。

ルートユーザーにもアクセスキーID／シークレットアクセスキーが存
在し、前述のとおりルートユーザーは非常に強力な権限があるユーザーの
ため、情報が漏洩した場合のリスクが大きいです。

ルートユーザーのアクセスキーIDをロックしておくことはAWSのベス
トプラクティスでも提唱されています。

11.3　IAMユーザー

IAMユーザーとは、AWSアカウント内で何らかの権限を与えられたユー
ザーまたはアプリケーションのことです。

- **名前**
  文字通りIAMユーザーに命名する名前で、IAMユーザーを識別するため
  に使用する
- **認証情報**
  IAMユーザーをどのような方法で認証するかを設定する。コンソールパ
  スワード、アクセスキー、CodeCommitで使用するSSHキー、サーバー
  証明書が存在する

IAMユーザーの使い回しは、適切なAWSへのAPIログ記録、適切な権限
管理を妨げる原因となるため、IAMユーザーはAWSを使用する実ユーザー、

アプリケーション単位で作成します。

ルートユーザーとIAMユーザーの認証ではユーザー名とパスワードに加えて、MFAデバイスを使用したMFA（多要素認証）が使用できます。MFAデバイスには、MFAのみの目的で使用されるハードウェアMFAデバイス、スマホアプリなどでMFAを行う仮想MFAデバイスがあります。特別な要件がないかぎり設定し、セキュリティを高めるよう心がけましょう。

アクセスキーID／シークレットアクセスキーの使い回しは、前述のIAMユーザーの使い回しと同様のアンチパターンです。

また、認証の選択肢として積極的にアクセスキーの使用を検討することはAWSでは推奨されていません。AWS外部から提供されるサードパーティーのアプリケーション要件などの特別な要件がないかぎり、アクセスキーではなくIAMロール（後述）の使用を検討しましょう。

AWSのベストプラクティスで推奨されているIAMユーザーの運用としては、「認証情報を定期的にローテーションする」「不要な認証情報を削除する」があります。

認証情報を定期的にローテーションする

IAMではアカウント設定機能でアカウントに対するIAMユーザー全体のパスワードポリシーを設定することが可能です。要件に合わせて適切なパスワードポリシーを設定し認証情報をローテーションしましょう。

● IAMでのセキュリティのベストプラクティス：認証情報を定期的にローテーションする。
https://docs.aws.amazon.com/ja_jp/IAM/latest/UserGuide/best-practices.html#rotate-credentials

不要な認証情報の削除

運用していく中で、追加したIAMユーザーを使用しなくなった（使用し

なかった）ケースがあります。このような場合は、IAMコンソールのユーザー管理画面の［最後のアクティビティ］欄を確認します（**図11-1**）。［最後のアクティビティ］には、IAMユーザーの使用履歴が表示されていて、「Never」は一度も使用されていないIAMユーザーです。「Never」または長期間使用されていないユーザーは、身元や使用用途を明確にし、不要であれば認証情報を削除してください。

図11-1　IAMコンソールのユーザー管理画面

- IAMでのセキュリティのベストプラクティス：不要な認証情報の削除
  https://docs.aws.amazon.com/ja_jp/IAM/latest/UserGuide/best-practices.html#remove-credentials

11.4　IAMユーザーグループ

IAMユーザーグループはIAMユーザーの集まりです。IAMユーザーグループを使用すると、複数のIAMユーザーに対してアクセス許可を指定でき、容易に管理できます。

　IAMユーザーごとにIAMポリシーを割り当て管理することは、設計や運用面でとても大変です。例えば、会社のセキュリティポリシーが変更になったとしましょう。IAMユーザーごとにIAMポリシーを割り当てていた場合、セキュリティポリシーに沿ったIAMポリシーを各IAMユーザーごとにアタッチする必要があります。IAMユーザーが100ユーザーの大規模な

プロジェクトの場合、IAMポリシーの変更を100回行う必要があります。この運用方法は現実的でありません。

IAMユーザーグループにIAMユーザーを帰属させると負担を軽減できます。IAMポリシーをIAMユーザーグループにアタッチすることで、IAMユーザーグループに所属しているすべてのIAMユーザーにIAMポリシーを適用できます。

IAMユーザーグループの管理ポリシーのアタッチ上限の回避策

IAMユーザーグループにアタッチ可能なIAM管理ポリシーの上限は10ポリシーまでです。上限緩和は不可能で、複雑なセキュリティポリシーを要件としている場合は、すぐに到達してしまうポリシー数です。

回避策として、カスタマー管理ポリシー（後述）を使用してIAMポリシーを統合する方法や、IAMユーザーを複数のIAMユーザーグループに帰属させる方法などがあります。

IAMユーザーは複数のIAMユーザーグループに所属することが可能です。各IAMユーザーで共通のIAMユーザーグループを作成し共通して適用するIAMポリシー（IAMユーザーのパスワード変更で必要な「iam:ChangePassword」など）は共通のIAMユーザーグループで管理します。共通のIAMユーザーグループの実装が完了次第、役割別に所属するIAMユーザーグループのIAMポリシーの数を減らしていきましょう。

11.5 IAMロール

IAMロールとは、AWSのサービスや他のAWSアカウント、IDプロバイダーに対してAWSの操作権限を付与するための仕組みです。

例えば、EC2からCloudWatch Logsへデータを送信したい場合、EC2にはデフォルトでIAMロールはアタッチされていないため、Cloud Watch Logsへログを送信できません。そこで、EC2インスタンスへIAMロールをアタッ

チすることでログ送信を実現します。

Assume Role

Assume Roleとは、IAMロールを使用するAWSのサービスや他のAWSアカウント、IDプロバイダーを指定するIAMポリシーです。名前にRole記載がありIAMロールと混同しやすいですが、実態はIAMロールの使用を許可するインラインポリシーです。クロスアカウントアクセス（後述）でも使用する必要があります。

11.6　IAMポリシーのJSON記法

IAMポリシーは、AWSリソースに対してどのようなアクションを許可または拒否するのかを定義したものです。IAMポリシーはJSON形式で記述します（**リスト11-1**）。ポリシーのそれぞれの要素は**表11-1**のとおりで、**リスト11-1**は「S3のバケット名“my_bucket”内のオブジェクトの一覧表示の許可」が付与されると理解できます。

リスト11-1　IAMポリシーの例（JSON形式）

```
{
  "Version": "2012-10-17",
  "Statement": {
    "Sid": "AllowS3ListAction",
    "Effect": "Allow",
    "Action": "s3:ListBucket",
    "Resource": "arn:aws:s3:::my_bucket"
  }
}
```

表11-1　IAMポリシーの要素（リスト11-1の説明）

要素名	説明
Version	IAMがどの時点のバージョンの機能を元にするかを定めるパラメータ。基本的には"2012-10-17"を記述する
Statement	権限付与に関する以下の要素が含まれる
Sid	ユーザーが任意に記述できる。一般的にはポリシーの内容を説明する
Effect	アクションを許可する（"Allow"）／拒否する（"Deny"）かで値を選択する
Action	リソースに対するアクションの種類を記述する（アクションは数多くの種類があり、リソースによっても異なるため、実際に設定する場合は公式ドキュメントを参照する）
Resource	Action要素に記述されたアクションが、どのリソースを対象にしたものであるかを記述する

11.7　AWS管理ポリシー

　AWS管理ポリシーは、AWSが管理するIAMポリシーで、ユーザー、グループ、ロールにアタッチして使用します。AWS管理ポリシーには、各AWSサービスを扱うための一般的なアクセス権限が定義されています。新しいサービスが追加されると必要に応じてポリシーが最新化されます。

　フルアクセス権限や読み取り専用、職務機能用などのポリシーが用意されており、多くの一般的ユースケースに対応するアクセス許可を適用できます。

　注意点としてAWS管理ポリシーは対象のAWSリソースを指定しないと、用意されたポリシー以上のアクセス制御ができません。そのため、より詳細にアクセス制御を行いたい場合はカスタマー管理ポリシー（次節）の利用を検討します。

11.8　カスタマー管理ポリシー

　カスタマー管理ポリシーは、ユーザーが作成し管理するIAMポリシーで
ユーザー、グループ、ロールへアタッチして使用します。カスタマー管理
ポリシーを作成する際はJSON形式（**リスト11-1**）で記述します

　個別にポリシーを定義できるため、対象のAWSリソースのみアクセス可
能にするなど細かく権限を管理できます。セキュリティのベストプラク
ティスでは、IAMポリシーを作成する場合は最小限のアクセス権を付与す
べきとされています。カスタマー管理ポリシーはそれを実現するための手
段として利用できます。

　また、カスタマー管理ポリシーは一元管理でき、ポリシーの一括適用が
できるため運用が容易です（**図11-2**）バージョニング機能も備わっており、
意図しないポリシーに更新してしまってもすぐに更新前の状態に戻せます。

図11-2　カスタマー管理ポリシー

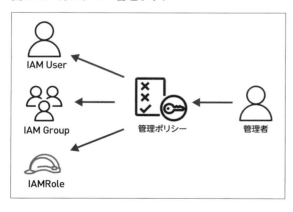

11.9 インラインポリシー

　インラインポリシーとはユーザー、ユーザーグループ、ロールに直接埋め込まれたポリシーです。管理ポリシーと違い、再利用ができません。

　そのため、**図11-3**のように管理者がそれぞれのインラインポリシーに対して作成／管理する必要があるため、大規模なシステムでの運用には向きません。管理の煩雑さからAWSは利用を非推奨としていますが、ポリシーを埋め込む対象と1対1の関係でポリシーを適用する際は便利です。

図11-3　インラインポリシー

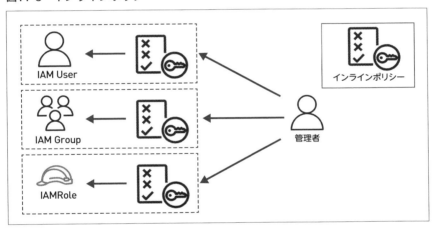

11.10 リソースベースポリシー

　リソースベースポリシーとはS3やLambdaなどの一部のリソース自体に適用することができるポリシーです。リソースベースポリシーを理解するうえで、管理ポリシーとリソースベースポリシーの適用された例（**図11-4**）を見るとわかりやすいです。

　ここでは管理ポリシーによってUser1、User2の両方に対象S3へデータ

をアップロードする許可が適用されています。しかし、リソースベースポリシーによってUser1からのS3へのアップロードのみ許可しているため、User2はS3へデータをアップロードできません。

　そのため万が一管理ポリシーで意図しないアクセス許可を設定した場合でも、リソースベースポリシーによってアクセスを防ぐことができます。このようにリソースベースポリシーを活用することで、より厳密にアクセス許可を制御できます。

図11-4　管理ポリシーとリソースベースポリシーの適用された例

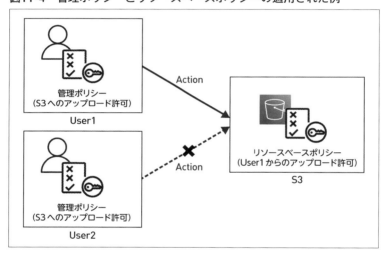

11.11　クロスアカウント

　企業はガバナンスの観点から複数のAWSアカウントを取得し、部門ごとにそれらを割り振ることがあります。例えば、開発部門のアカウントや監査部門のアカウントなどです。ただし、デフォルトでは開発部門のアカウントが作成したAWSリソースに、監査部門のアカウントはアクセスできません（**図11-5**：デフォルト設定の場合）。監査部門のアカウントが対象リソースを監査できるようにするためには、アカウント間のアクセス（クロ

スアカウント）の設定が必要になります。

　例えば、開発部門のアカウントが作成したEC2インスタンスに関する情報を、監査部門のアカウントが見れるようにしたい場合です（**図11-5：ク**ロスアカウント設定の場合）。まずは開発部門のアカウントでIAMロールを作成します。信頼できるアカウント（信頼されたエンティティ）に監査部門のアカウントのIDを設定し、信頼関係を構築します。そして読み取り権限のポリシー（例えばAWS管理ポリシーのAmazonEC2ReadOnlyAccess）をアタッチします。

　監査部門のアカウントは、開発部門のアカウントのIDと作成したIAMロールの名前を使って対象のIAMロールに切り替えます。このようにIAMロールを切り替えることをスイッチロールといいます。これによって開発部門のAWSアカウント内で作成されたEC2インスタンスの情報を見ることができます。

図11-5　クロスアカウントの例

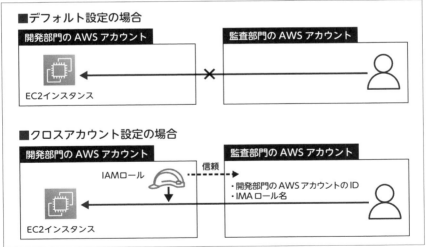

163

COLUMN

ハンズオン学習に便利なAWS CloudTrail

　AWSをより理解するために、本書で学んだあとはハンズオンに挑戦してみてください。ただし、与えられた手順を実行するだけではなく、「どの手順で」「どのAWSリソースを」「何のために作成したか」を意識することが重要です。資格勉強だけではなく、システム構築の設計や実装の品質が向上したり、障害発生時に関連するAWSリソースが何であるかを予測できるようになります。

　ハンズオンで構築したAWSリソースの後片付けをするには、作成されたAWSリソースをすべて把握する必要があります。ハンズオンの手順を見てすべて書き出してみてください。ハンズオン終了後に書き出したAWSリソースを削除して後片付けは完了です。

　ただし、マネジメントコンソールを使用して構築した場合、作成されたAWSリソースに気が付けない場合もあります。そのような場合は、「AWS CloudTrail」というサービスを併用するとよいでしょう。CloudTrailでは、アカウントのアクティビティをログとして見ることができるので、どのAWSリソースがいつ作成されたのか把握できます。

● AWS CloudTrail
https://aws.amazon.com/jp/cloudtrail/

12

AWSコマンドライン インターフェイス

AWSサービスやAWSリソースを
コマンドで操作するためのツール

　　AWSの各サービスはマネジメントコンソールから視覚的に設定
／操作できますが、ヒューマンエラーはどうしても起こり得ます。
AWSコマンドラインインターフェイス（CLI）のコマンドで複数の
操作（例えばEC2インスタンスの起動／停止など）を記述し、シェ
ルスクリプトで一括して処理したほうが、手動で処理するよりも効
率的で、かつ誤操作も防ぐことができます。

コマンドラインでサービスたちに指示を出す

コマンドラインで指示を出す

サービスを操作できるのはマネジメントコンソールだけではない。コマンドラインで操作するためのCLI（Command Line Interface）も使える。EC2の起動、RDSの作成、CloudFormationの実行など大抵のことはCLIで実行可能。

IAM権限に応じて操作を制限

マネジメントコンソールを使う際にはIAM権限が必要。CLIでも同じようにサービスを操作できる権限を持ったIAMユーザーが必要になる。一度登録してしまえばログイン／ログアウトは基本的に不要なので取り扱いには注意が必要。

12.1　AWSコマンドラインインターフェイスとは

AWSコマンドラインインターフェイス（CLI）はAWSリソースをコマンドで操作するためのオープンソースのツールです。

12.2　認証方法

AWS CLIでAWSリソースを操作する際は、IAMユーザーから生成される認証情報の文字列（アクセスキーとシークレットアクセスキー）を使って認証します。実際にはaws configureコマンドでアクセスキーとシークレットアクセスキー情報を保存します（**コマンド12-1**）。

コマンド12-1　aws configureコマンドの利用例

```
C: >aws configure
AWS Access Key ID [None]: AccessKeyID********
AWS Secret Access Key [None]: wJalrXUtnFEM*************
Default region name [None]: ap-northeast-1
Default output format [None]: Json

C: >
```

コマンド12-1の設定は、ホームディレクトリ配下の.awsフォルダ下にあるconfigファイルとcredentialsファイルで直接編集できます。万が一アクセスキーとシークレットアクセスキーが漏洩すると、第三者からリソース操作（設定した権限に応じた操作。例えばリソースの作成、情報取得、削除など）が可能となるため取り扱いには注意してください。

12.3　プロファイル管理

AWS CLIのプロファイルを設定することで、コマンド実行時に複数の認証情報の使い分けが可能です。

例えば開発環境用、ステージング環境用、本番環境用の認証情報（アクセスキーID／シークレットアクセスキー）を用意し、AWS CLIの設定ファイルにそれぞれ名前を付けて1つのプロファイルとして保管します。

AWS CLIコマンド実行時の引数にプロファイルを指定することにより、各プロファイルの権限でコマンドを実行でき、複数の環境を運用していく場合に便利です。

12.4　AWS CLIの学習方法

AWS CLIはバージョン1とバージョン2の2種類のバージョンがありますが、基本的には最新のバージョン2を利用してください。学習方法としてはマネジメントコンソール（GUIベース）で学習したチュートリアルをAWS CLIで再現する方法がお勧めです。

また、コマンドの数が膨大なため、全コマンドを覚えようとするのは現実的ではありません。実現したいコマンドやオプションを公式ドキュメントから素早く引けるようにしましょう。

Amazon Linux2を使用したEC2インスタンスではAWS CLIがデフォルトでインストールされています。この環境を使用すると、環境構築不要で学習を開始できるます。これ以外の環境でも学習は可能で、Linux、Windows、macOSなどさまざまなOSにインストールして学習することが可能です。

● AWS CLIのインストール、更新、アンインストール

```
https://docs.aws.amazon.com/ja_jp/cli/latest/userguide/cli-
chap-install.html
```

13

Amazon CloudWatch

AWSとオンプレミスのサービスを
リアルタイムに監視して障害を検知するサービス

Amazon CloudWatchは、システムの状態を監視して指定条件に合致するかを判定し、管理者へ通知などのアクションにつなげることを可能にするサービスです。安定的にシステムを運用するためにどのようなことができるのかを、本Chapterで学びましょう。

CloudWatch

監視？　見守っているんです。

サービスたちの健康をいつでもチェック

CloudWatch Metrics
CloudWatch は AWS のリソースたちをモニタリングして、健康状態のデータを蓄積する。デフォルトで EC2 の CPU 使用率やネットワークはチェックしてくれるが、Agent を使ってもっとたくさんの情報をチェックすることもできる。

異常があれば即座にアラート

CloudWatch Alarms
働きすぎ（CPU 使用率高騰）、反応がないなど異常があれば通知を送ってくれる。

CloudWatch Events
（EventBridge）
特定のイベントが発生したときに Lambda を呼び出すなどのアクションを実行できる。

ログをまとめて見やすく表示

CloudWatch Logs
CloudWatch の元には Lambda や EC2 からアプリケーションのログが送られてくる。

CloudWatch Insights
受け取ったログを SQL で絞り込んだりグラフ化したり、見やすく表示できる。

13.1 CloudWatchとは

Amazon CloudWatchは、稼働中のシステムを効率的に安定運用するためのAWSサービスです。システムの状態をリアルタイムに監視し、指定条件に合致しているか判定することで障害を検知します。また、障害検知時にはシステム管理者へのメール通知、サーバー台数増減などのアクションの実行が可能です（**図13-1**）。

CloudWatchで監視、判定／解析、アクションを実行するための流れは**図13-2**のとおりです。

図13-1　Amazon CloudWatchでできること

図13-2　AWSリソースの監視からアクション実行までの流れ

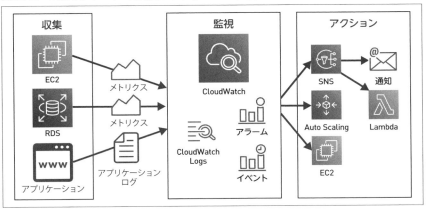

AWSリソースの監視

　稼働中のAWSリソースは、一定間隔でCloudWatchに対してメトリクスと呼ばれるデータを送信しています。メトリクスにはAWSリソース状態と日付時刻情報が含まれています。CloudWatchは受信したメトリクスを監視し、その状態に応じたアクションを実行可能です。

ログの保存

　アプリケーションからCloudWatchにログを送信可能です。アプリケーションログは指定の期間保持され、アラームの監視対象として活用されます。

アラームの設定

　指定のメトリクス、あるいはログが、設定された条件の閾値を上回る（下回る）状態を検知した場合アラームのステータスが変化します。どのようにステータスが変化したかによって、他のAWSサービスを呼び出して指定のアクションを実行可能です。

イベントの設定

　AWSリソースの状態を監視します。あらかじめ設定された状態の変化を検知した場合、他のAWSサービスを呼び出して指定のアクションを実行可能です。状態の変化とは、EC2インスタンスのステータス変更や、S3バケットへのファイル設置などさまざまなものがあります。

　また、cron（Linuxのタスクスケジューラ）で指定日付時刻ごとに実行するアクションもスケジュールできます。

アクションの実行

CloudWatchと他のAWSサービスを連携すると、稼働中のシステムの状態に応じ、指定のアクションを自動で実行可能です。具体的には次のようなアクションです。

- 稼働中のEC2インスタンスのCPU使用率が80％を超えたとき、Auto ScalingでEC2インスタンスの稼働台数を増やして負荷を分散させる
- 指定条件（5分間にエラーログが2回以上発生など）を満たすと、システム管理者へエラー通知メールを送信する
- リソースの使用率をログに出力する。システム管理者は、使用リソースの状態を把握して無駄なリソースを削除する

CloudWatchを活用して、継続的なシステムの安定稼働や無駄なリソースの削減、必要なリソースの配分（システム最適化）を目指しましょう。

13.2 監視の重要性

リリース後にシステムの安定稼働を実現するためには、継続的なシステムの状態監視が必要です。稼働中のシステムには、開発のタイミングで想定できなかったさまざまな現象が発生するためです。例えば、SNSやニュースでトレンドになったWebサイトが急に重くなり、画面での操作を受け付けなくなる現象などです。

24時間365日稼働し続けるシステムでは、いつ障害が発生するかはわかりません。ひとたびシステム障害が発生すると、ユーザーのページ離脱によるビジネス機会損失、顧客の信用喪失といったさまざまな不利益が生じます。そのため、システム管理者は早急にシステムを復旧しなければなりません。

CloudWatchで稼働中のシステムを監視し、自動復旧を実施することで、

システムの安定稼働が実現可能です。また、CloudWatchで検知した障害は、
ログを確認することによって、その発生の原因究明にも役立ちます。

13.3　ダッシュボード作成

　ダッシュボードは、選択したメトリクスやログをグラフ化して目的別に
表示し、それらを一元管理できる機能です。ダッシュボード機能を使えば、
チェック頻度の高いメトリクスやログをグラフ化し、まとめて確認が可能
です。

　運用を続けていると、システムの障害検知やリソース使用率の最適化で
必要となるメトリクス、ログの見方についての知見が蓄積されていきます。
頻繁にチェックするメトリクスやログの情報が1ヵ所にまとめられている
と障害の原因調査が楽になります。

　ダッシュボードはプロジェクトやユースケース別に作成が可能なため、
目的に応じたメトリクスとログをまとめて登録しておくとよいです。

図13-3 ダッシュボード画面

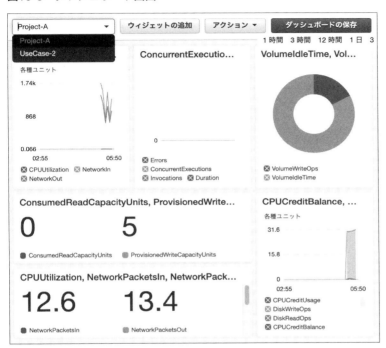

13.4 標準メトリクス

　標準メトリクスとは、AWSがあらかじめ用意したAWSリソースの使用状況（監視項目）です。主にEC2やRDSのCPU使用率、ステータスチェックなどの項目があります。閾値を設定するとすぐにCloudWatchによる監視が可能です。

　メトリクスは名前空間とメトリクス名、ディメンションという要素で構成されています。これらの要素から、障害が発生した該当AWSリソースが特定可能です。名前空間とは、メトリクスをグループ化したものです。メトリクス名にはシステム状態を表す「CPU使用率」などのパラメーターがあります。これに名前空間「EC2」「RDS」などのグループを設けることで、

どのAWSサービスの「CPU使用率」か特定可能です。

　しかし、名前空間のみではAWSリソースを一意に特定するための情報が不足しています。例えば、EC2インスタンスが複数台ある場合、名前空間とメトリクス名（EC2 / CPUUtilization）の情報だけでは、障害の発生しているEC2インスタンスがわかりません。そこで必要となるのがディメンションです。

図13-4　メトリクスの名前空間一覧

| すべてのメトリクス | グラフ化したメトリクス | グラフのオプション | 発信元 |

| Tokyo ▼ | 🔍 任意のメトリクス、ディメンション、またはリソース ID を検索する | | グラフの検索 |

699 メトリクス

▼ カスタム名前空間

| Lambda | handson-cli |
| 1 個のメトリクス | 2 メトリクス |

▼ AWS の名前空間

DynamoDB	EBS	EC2
12 メトリクス	117 メトリクス	206 メトリクス
Elastic Transcoder	イベント	Firehose
2 メトリクス	3 メトリクス	2 メトリクス
Lambda	ログ	MediaConvert
26 メトリクス	4 メトリクス	1 個のメトリクス
RDS	S3	SNS
102 メトリクス	18 メトリクス	4 メトリクス
SWF	States	使用
4 メトリクス	8 メトリクス	187 メトリクス

ディメンション

　ディメンションとは、名前空間とメトリクス名に加えることで、そのメトリクスがシステム内で一意に特定可能となる要素です。

　EC2の例で言うと、障害が発生したEC2インスタンスを特定したい場合に必要となるのは、個別のEC2インスタンスに割り振られているインスタンスIDとなります。そのため、標準メトリクス：「EC2 / CPUUtilization」には、ディメンションとしてEC2インスタンスIDが定義されています（**表13-1**）。

表13-1　メトリクスの構成要素の例

● EC2/CPU使用率/インスタンスID

名前空間	メトリクス名	ディメンション
EC2	CPUUtilization	i-1111111111aaaaaaa
EC2	CPUUtilization	i-2222222222bbbbbbb
EC2	CPUUtilization	i-3333333333ccccccc

● RDS/CPU使用率/インスタンス識別子

名前空間	メトリクス名	ディメンション
RDS	CPUUtilization	database-1
RDS	CPUUtilization	database-2
RDS	CPUUtilization	database-3

　また、メトリクスには監視間隔で発行された時刻情報（タイムスタンプ）が含まれています。障害発生の日時は、タイムスタンプ情報で確認が可能です。

　監視間隔は任意で設定が可能であり、標準の監視間隔は5分です。この監視間隔であれば料金は無料です。

　標準より短い監視間隔（1秒、5秒、10秒、30秒、または60秒の倍数）を設定した場合は、より詳細にシステムの状態推移を把握できるメトリクスとなります。この場合は料金が発生する可能性があります。

　図13-5では、名前空間が「EC2」のメトリクスを一覧表示しています。このページでは、名前空間、メトリクス名、ディメンション、タイムスタンプの要素が確認可能です。

図13-5　メトリクス一覧

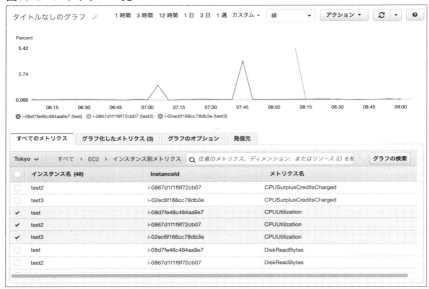

13.5　カスタムメトリクス

　カスタムメトリクスは、ユーザーが独自に設定するメトリクスです。標準メトリクスに存在しないシステム項目を監視したい場合に設定します。代表的な項目としてはEC2インスタンスのメモリ使用率やディスク使用率があります。

設定方法は次の2つです。

- 監視対象のサーバーに統合CloudWatchエージェントをインストールする（これにより、カスタムメトリクスの収集とCloudWatch Logsへの送信が可能）
- カスタムメトリクスを収集／送信するスクリプトを監視対象サーバーに設置し、定期的に処理を実行させる

カスタムメトリクスは標準メトリクスよりも柔軟な設定が可能です。その分、統合CloudWatchエージェントのインストールやスクリプトの実行環境構築など、より高度な技術力が必要とされます。

また、カスタムメトリクスは有料であり、時間単位の課金です。CloudWatchへメトリクスを送信したときに料金が発生します。

13.6 CloudWatch Logs

CloudWatch Logsとは、各種AWSサービスのログファイルを保存、監視／アクセスできるサービスです。また、ログの保存期間は1日〜永久保存まで設定が可能です。

ログ保存は「ログイベント」「ログストリーム」「ロググループ」の3階層で構成されます。

■ ログイベント

ログイベントは、1つのイベントに対して1行で出力されるログのことです。例えば、ログを収集する対象をWebアプリケーションとするとき、「アクセスされた」「アクセスできなかったエラー」のような1つひとつのログのことを指します。

■ ログストリーム

ログストリームは、同じソース内で発生した複数のログイベントのまとまりであり、時系列順に並べられています。

■ ロググループ

ロググループは、保存／監視／アクセス制御などの設定が同じログストリームの集合体です。

ログイベント／ログストリーム／ロググループの関係を、Lambda関数（193ページ）によるログ出力例で確認してみましょう。

　何度かLambda関数を実行した結果、CloudWatch logsには**図13-6**のように ログが出力されます。

　Lambda関数：TestFuncという単位でロググループ：/aws/lambda/ TestFuncが登録され、一定期間の幅で区切られたログストリーム内に、 Lambda関数TestFuncの実行ログイベントが出力されています。

図13-6　ロググループ／ログストリーム／ログイベントの出力例

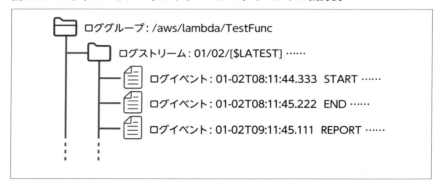

■ メトリクスフィルタ

　CloudWatchでは、メトリクスフィルタという特定の文字列を検出する機 能があります。検出頻度に応じたアラームの発報やSNSによる通知が可能 です。具体的な設定例として「"Error"という文字列を○分間の間に○回 検出した場合はSNSで通知する」などがあります。

統合CloudWatchエージェント

　統合CloudWatchエージェントとは、EC2やオンプレミスのサーバーにイ ンストールしてログやメトリクスを収集するサービスです。

　統合CloudWatchエージェントではさまざまなメトリクスが収集可能です。 例えば、EC2の場合はメモリ使用率、ディスク使用率などのカスタムメトリ クスが収集可能になります。

　また、CloudWatchエージェントをオンプレミスのサーバーにインストー

ルすると、クラウドからオンプレミス環境を監視できるようになり、クラ
ウドとオンプレミスの監視を一元管理できます。

● 統合されたCloudWatchエージェントを使用してCloudWatch Logsを
使用する
https://docs.aws.amazon.com/ja_jp/AmazonCloudWatch/latest/logs/
UseCloudWatchUnifiedAgent.html

13.7　CloudWatch Events

CloudWatch Eventsは「リソースの変更」や「指定した時間」等をトリガー
にしてアクションを設定できる機能です。CloudWatch Eventsの用語として、
トリガーのことを「イベント」、アクションのことを「ターゲット」と表
現します。

CloudWatch Eventsはリアルタイムに状況を把握し、イベントに応じて
ターゲットを呼び出したり、ターゲットのスケジューリングができること
が特徴です。この機能を使うことにより、例えば「土日にEC2の稼働を停
止させる」といったことが可能となります。

また特定のイベントをターゲットに振り分ける設定を「ルール」と言い、
作成したルールはCloudWatchマネジメントコンソール画面で有効化／無効
化が可能です（**図13-7**）。

図13-7　CloudWatchマネジメントコンソール画面

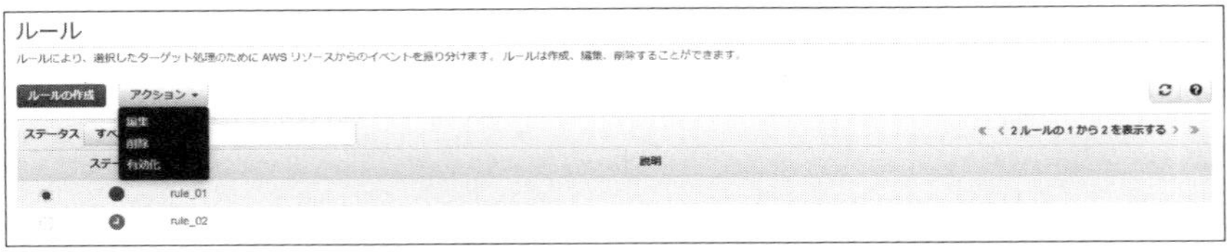

イベント

　イベントには、「EC2が停止したとき」のようにサービス状態変化時の「イベントパターン」と、「○月○日○時○分○秒」のように特定の時刻や「○時間ごと」のように時間ごとに設定する「スケジュール」の2つを選択できます。

■ イベントパターン

　イベントパターンでは、AWS内のサービスを選択してイベントパターンを設定する方法（**図13-8**）と、カスタムパターンで独自のイベント（**図13-9**）の作成が可能です。

図13-8　CloudWatchイベントルール作成画面（イベントパターン）

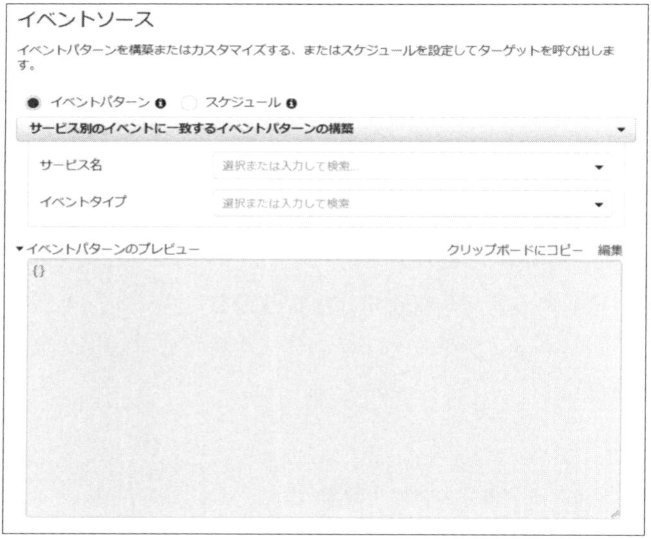

図13-9 CloudWatchイベントルール作成画面（カスタムパターン）

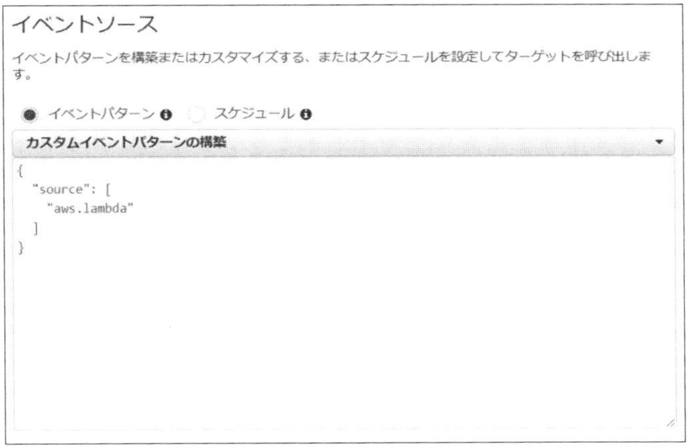

■ スケジュール

スケジュールでは、一定の間隔でターゲットを呼び出す方法と、cronを使用して特定の時間にターゲットを呼び出す方法があります。

ターゲット

イベントで設定されたイベントパターン（またはスケジュール）に応じて呼び出すアクションをターゲット部分で選択できます。呼び出せるターゲットの代表例として、EC2の各種APIやLambda関数、SNSトピックなどがあります。

1つのイベントに対して複数のターゲットが指定可能で、例えば特定の時間にEC2のインスタンスを停止し、SNS連携通知も飛ばす、といったことも可能です。

13.8   SNS連携通知

Amazon SNS（Simple Notification Service）はAWSの通知サービスです。SNSによる通知はAWSサービス間やAWSに構築したアプリケーションから実行可能です。

CloudWatchアラームの発報をトリガーとしてSNSの通知を利用することを考えてみます。通知方法は、メールやSMSの配信、モバイル端末へのプッシュ通知、Chatbot経由でのSlack通知などが選択可能です。

以下は「大量のイベントから重要なイベントのみSlack/メール通知」をする例です。

- CPUの使用率が70%を超えたときはメールのみを通知する
- CPUの使用率が90％を超えたときはメール通知に加えて、AWS Chatbotを利用してSlackに通知する

図13-10   重要なイベントのみをSlackやメールで通知する例

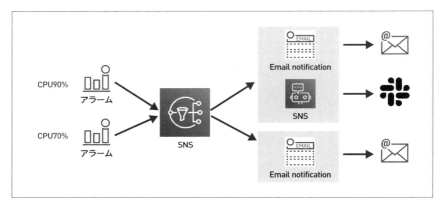

14

Amazon EC2 Auto Scaling

適切な数のEC2インスタンスを
利用できるようにするサービス

　オンプレミスではサービスの需要を予測してインフラを設計する
必要があり、実際よりも需要に対してインフラコストがかかりすぎ
てしまったり、逆に需要が追いつかずサーバーがダウンしてしまう
ことが起こり得ます。AWSでは、実際のサービス需要に合わせた
パフォーマンスを維持するよう調整してくれるサービスがEC2
Auto Scalingです。

Auto Scaling

閾値を超えた状態

忙しさに応じて人員増減。
アラームが鳴ったらヘルプミー！

AMIから作成

メタデータとEBS

New Instance

事前に増減ルールを決める

Auto Scalingを行う際はどれくらいの忙しさ（CPU使用率など）になったら助けを呼ぶのか、どんな設定で起動するのかなどあらかじめ決めておく必要がある。

CPU使用率80%になったら助けを呼ぶね！最大3人くらい応援がほしいな。装備のコピー（AMI）があるから使ってね。

ELBで負荷分散

Auto Scalingで新規追加されたEC2インスタンスは、自動的にELBの負荷分散の対象となる。

振り分け先が増えたのね！

Auto Scaling Group

追加インスタンス

14.1　EC2 Auto Scalingとは

Amazon EC2 Auto Scalingは処理負荷に応じてEC2インスタンスの数を自動で増減することができるサービスです。オンプレミスと違って、需要とインフラコストのバランスを調整してくれます（**図14-1**）。

図14-1　オンプレミスとAWS利用時のキャパシティ予測

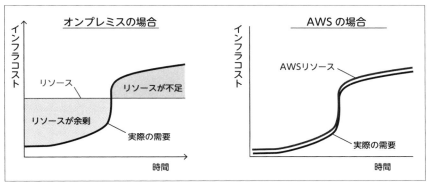

AWS Well-Architectedフレームワークの5つの設計原則に従うと、EC2 Auto Scalingを使用するメリットは**表14-1**のとおりです。

表14-1　EC2 Auto Scalingを使用するメリット

メリット	説明
パフォーマンス効率	需要に合ったリソースを自動的に維持することで、安定したパフォーマンスでサービスを提供できる
信頼性	異常が発生したEC2インスタンスを検知／削除し、新しいEC2インスタンスに置き換えられる
コスト最適化	従量課金制なので過度な支出を下げられる（Auto Scalingによって展開されたリソースには費用がかかるが、設定自体には費用がかからない）

14.2　EC2 Auto Scalingを使用する手順

①起動テンプレートを作成する

　起動テンプレートはEC2インスタンス起動時に必要な情報を設定できる機能です。必要な情報には「AMI」「インスタンスタイプ」「KeyPair」「Security group」などが含まれます。起動テンプレートをあらかじめ用意しておくことで、スケーリングした際にすぐにEC2インスタンスを起動できます。

COLUMN

起動設定は起動テンプレートに移行してください

　起動設定は起動テンプレートより以前に発表されたサービスで、EC2インスタンス起動時に必要な情報を設定できます。起動テンプレートとの違いは、バージョン管理の有無とAuto Scaling Groupでの最新機能や改善点の反映有無があり、執筆時点では起動設定は非推奨になっています。

バージョン管理の有無
　起動テンプレートでは設定内容のバージョン管理ができるのに対し、起動設定ではバージョン管理ができません。バージョン管理では、1つのテンプレートから本番用/開発用を分けることや一部のパラメータのみ変更したテスト用のテンプレートを管理できます。起動設定の場合はバージョン管理ができないため、設定を一から作成する必要が出てくるため、管理が煩雑になってしまいます。

Auto Scaling Groupでの最新機能や改善点の反映有無
　起動設定ではAuto Scaling Groupに適用できる最新機能や改善点が反映されていない場合があります。

②Auto Scaling Groupを作成する

Auto Scaling Groupは起動テンプレートで設定されたEC2インスタンスを
どこに、どの程度配置するかを設定する機能です。

■ EC2インスタンスの配置場所の指定方法

配置するVPCやサブネットを指定します。このときに複数AZに跨るよう
に分散させると、1つのAZが利用不可になったとしても、別のAZで新しい
EC2インスタンスを起動できます。可用性の向上になるため、インスタン
スを分散させることはEC2 Auto Scalingを使用するうえで重要になります。

■ EC2インスタンスの配置数の指定方法

EC2インスタンス数の最小／最大／希望容量を指定します。EC2インス
タンス数の調整は、Auto Scaling Groupの定期的なヘルスチェックで実現
します。

ヘルスチェックとは、サーバーが正常に起動しているかどうか確認する
機能です。例えばEC2インスタンスで異常が発生した場合、Auto Scaling
Groupは異常と判断したインスタンスを終了し、新しく別のインスタンス
を起動させます。この機能により、事前に定義した範囲内でインスタンス
数を維持し続けることができます。

③Auto Scaling Policyを設定する

Auto Scaling Policyはいつ、どのような状態のときにスケーリングさせる
か設定する機能です。提供するサービスの特性に合わせてスケーリング方
法を選択します（**表14-2**）。また、動的スケーリングでは**表14-3**のポリシー
が指定できます。

表14-2　スケーリングの方法

スケーリング	説明	ユースケース
手動スケーリング	Auto Scaling Groupの最小／最大／希望容量を手動でスケーリングする	緊急でインスタンス数を増減させないといけない場合
スケジュールに基づくスケーリング	指定した日付と時刻に自動でスケーリングする	毎週土曜日の8:00にピークに到達し、17:00には落ち着くというようにピークの時間帯がわかっている場合
予測スケーリング	過去のメトリクスを分析し、今後の需要を予測したうえでスケーリングする	朝の始業時のみアクセスが集中するといった決まったパターンなど、AWS側で負荷がかかることが予測できる場合
動的スケーリング	CloudWatchのメトリクスに基づいたアラートと連携させ、そのときの需要に合わせてスケーリングする（Auto Scaling Policyの中で一番良く使用される）。さらに表14-3のポリシーが指定できる	サービスのピーク時が予測不可能な場合

表14-3　動的スケーリングに指定できるポリシー

スケーリング	説明	ユースケース
簡易スケーリング	1つのメトリクスに対し、1種類のみスケーリング調整値を指定する	平均CPU使用率が80％超えたら1台追加する場合
ステップスケーリング	1つのメトリクスに対して複数のスケーリング調整値を指定できるため、簡易スケーリングに比べて細やかなスケーリングができる	平均CPU使用率60％超えたら1台追加、80％超えたらもう1台追加する場合
ターゲット追跡スケーリング	1つのメトリクスに対して目標値のみを指定する。インスタンス数の調整はAuto Scaling Groupが自動で実施してくれる	CPU使用率60％を維持する場合

14.3　クールダウン期間

　クールダウン期間は、Auto Scalingによってインスタンスの追加／削除が連続して実行されないようにする待ち時間です。つまり、過剰にEC2インスタンスを起動させないための待ち時間です。

　EC2 Auto Scalingでは必須の設定ではありませんが、スケールアウト時

においてEC2インスタンスが完全に起動状態（running）になるまで、次の
Auto Scalingが実行されないようにすることができます。

図14-2　クールダウン期間が未設定の場合

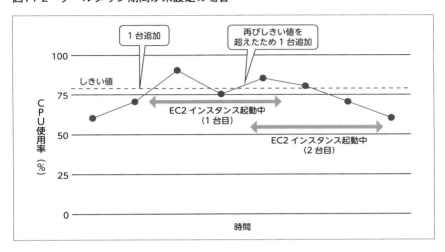

図14-3　クールダウン期間を設定している場合

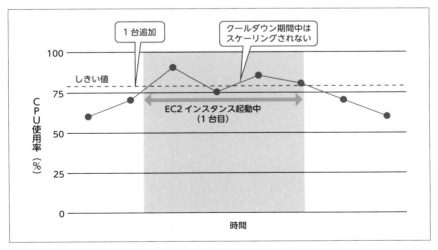

　またクールダウン期間には、Auto Scaling Group全体に適用するデフォ
ルトの期間と特定のAuto Scaling Policyに適用する固有の期間があります。

これはスケールイン時に役に立ちます。デフォルトの期間を300秒、特定のAuto Scaling Policyに適用する固有の期間をデフォルトよりも短い180秒にするとします。すると、スケールインを通常よりも迅速に判断できるようになります。そのため必要以上に起動しているEC2インスタンスの起動時間が抑えられ、同時にコストも抑えることができます。

15

AWS Lambda

サーバーレスであらゆるプログラムを
実行できるサービス

AWS Lambdaとは、サーバー環境を用意することなく、さまざまなタイプのアプリケーションのプログラムを実行できるサービスです。実行するプログラムをZIPファイルやコンテナイメージとしてアップロードするだけで利用でき、無料で利用できる枠もあります。本Chapterでは、AWS Lambdaの基礎と利用料金などを紹介します。

Lambda

サーバー管理が不要なコード実行サービス

パッチ？ソフトウェア更新？
気にしなくて大丈夫！

ミドルウェアも気にせず
コードをすぐに実行できるよ！

イベントに応じて必要なときだけ
私たちが出動するよ。
サーバー負荷も気にしないで。

一度に働けるのは短時間

呼んだ？

15分

Timeout！
ごめんね！
さよなら！

Lambda は長時間の
仕事はできない。コード
が実行されてから処理
が終わるまでの時間は
15分以内という制限が
ある（2021年時点）。

いろいろなサービスと連携

いろんなイベントの発生に合わせてLambdaが出動する。細かな独自処理
はLambdaにおまかせ！ API Gatewayと組み合わせればWebアプリケー
ションとしても働ける。

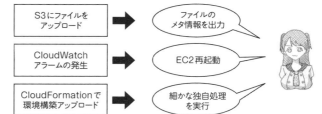

| S3にファイルを
アップロード | → | ファイルの
メタ情報を出力 |
| CloudWatch
アラームの発生 | → | EC2再起動 |
| CloudFormationで
環境構築アップロード | → | 細かな独自処理
を実行 |

イベントに応じてコードを実行！
いろんなところに呼ばれちゃうよ

15.1 AWS Lambdaとは

　通常、Webサービスをインターネットに公開するためにはプログラムだけでなくサーバーなども構築する必要があります。サーバーの構築や保守などを管理することなくプログラムコードを実行できるサービスがAWS Lambda（ラムダ）です。サーバーの管理が一切不要になるのでサーバーレスコンピューティングとも呼ばれます。

　Lambdaは、AWSのサービスやユーザーからの呼び出しなどのイベントによって処理を実行できます。また特定のイベントが発生したときにも自作プログラムを実行させることができます（**図15-1**）。

図15-1　S3にファイルをアップしたときにプログラムを実行する

　主にアプリケーション開発で使用されるケースが多いのですが、インフラ構築でも簡単な処理（S3に関する処理など）を書くのに便利なため、インフラエンジニアとしてもLambdaの機能で何ができるか把握しておくことが望ましいです。

　なお、Lambda関数は1つの関数で複数のバージョン（バージョン1、バージョン2……）を持つことができます。

15.2　利用料金

　AWS Lambdaでは、関数に対するリクエストの数とコードの実行時間に基づいて課金されます。無料枠もあるため、呼び出し回数が少なくLambdaへの割り当てメモリが少ないような個人での開発やテストで使う分には、料金をあまり気にせず学習できるでしょう。最新の利用料金は公式サイトで確認してください。

● AWS Lambda――AWS Lambda 料金
`https://aws.amazon.com/jp/lambda/pricing/`

表15-1　AWS Lambdaの利用料金（東京リージョン；2021年7月20日時点）

種別	リクエスト（呼び出し）数	実行時間
無料枠（1ヵ月単位）	100万件まで	40万GB-秒※まで
課金	100万件あたり0.20USD	GB-秒※あたり0.0000166667USD

※ Lambdaに1GBのメモリを割り当てた場合、40万秒（約111時間）で「40万GB-秒」という計算になる

15.3　テストイベントの実行

　Lambda関数をテスト（実行）するときは、イベントが起動される必要があります。実際のイベントを起こすのは手間がかかり、小まめなテストが難しいです。アプリケーション開発の現場では、テストを小まめに実行して確認することで開発効率を上げていくことができるので、より簡単にテストを実施できることが重要になります。

　このために使用する機能がテストイベントです。マネジメントコンソールで、テストイベントの作成からテストの実施、結果の確認（成功／失敗、ログ、使用中の最大メモリなど）ができます。

15.4　関数の呼び出しパターン

関数の呼び出しパターンとして、同期呼び出しと非同期呼び出しがあります。

同期呼び出し

実行するタイミング＝Lambdaが処理するタイミングです。同期呼び出しでは、イベントを処理する関数を待ってレスポンスを返します。

非同期呼び出し

実行するタイミング ≠ Lambdaが処理するタイミングです。非同期呼び出しでは、Lambdaは処理のためにイベントをキューに入れ、すぐにレスポンスを返します。その後、Lambdaはイベントキューに存在するイベントの読み込んで処理を実行します。

また、これら以外にも、イベントソースマッピングを作成し、ストリームまたはキューから項目を処理することができます。イベントソースマッピングは、キュー／ストリームから項目を読み取り、バッチで関数に送信するLambdaのリソースです。対象となるキュー／ストリームは、Amazon SQSキュー、Amazon Kinesisストリーム、Amazon DynamoDBストリームなどがあります。

15.5　Serverless Framework（Node.js製のツール）の管理

Serverlessはサーバーレス方式でのアプリケーションを簡単に構築するためのNode.js製のツールです。AWS、Azure、GCPなどのクラウドサービスで利用できます。

　デプロイコマンドを実行すると、各クラウドサービスのリソースを構築するための処理が実行されます。AWSではデプロイコマンド実行時にCloudFormationのテンプレートが作成され、Lambdaやその他の必要なリソースが作成されます。実際に使用するためにはインストールするなど環境を構築するための作業が必要となります。

　Serverless Frameworkを利用したLambdaの開発環境が構築済みであれば、ローカル環境でのデバッグも可能になり、デプロイもすぐに実行できるようになります。

　Lambda開発の効率向上のために、Serverless Frameworkを学習しておきましょう。

COLUMN

オンプレミスとのコスト比較時の注意

　オンプレミスとAWSとのコスト比較は初期費用が大幅に異なるため安易に判断されがちですが、総保有コストで比較する必要があります。なぜなら、コストは初期の構築時に必要なイニシャルコストと、稼働を維持するために必要なランニングコストに分かれるからです。

　また、クラウドに移行することで、付帯的な作業であったインフラ運用／保守の人的リソースを本来の業務（付加価値を創出する業務）に割り当てられるメリットが謳われますが、専門的な技術者を育成し雇い続けることができるのであれば、AWSを利用するよりオンプレミスで運用するほうがトータルでは安くなることもあります。

　オンプレミスと比較する場合は、目に見える要素だけではなく総合的に比較をすることが重要です。

16

Amazon RDS

リレーショナルデータベースのセットアップや
操作、運用、管理を簡単に実現するサービス

　データベース（DB）システムを安定的に運用させるためには、
オンプレミスでもクラウドでも考えることは同じです。本Chapter
では、Amazon RDSの機能を紹介するとともに、DBの基本的な
キーワードも簡単に触れています。

RDS

DBとして特殊な訓練を受けたんだ
データはしっかり守るよ

複雑な設定不要ですぐに使えるDB

RDSはデータベースエンジンがセットアップ済みで、起動させたらすぐにDBとして利用可能。

- データベースセットアップ済
- OSアップデート不要
- メンテナンス設定がラク

MySQL　Oracle

Postgre　MariaDB
SQL

など6種類のデータベースエンジンをサポート
（2021年時点）

リードレプリカで負荷を抑える

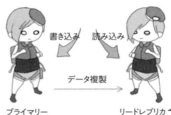

書き込み　読み込み

データ複製

プライマリー　　　リードレプリカ

読み込み専用の相棒と一緒に働くことで負荷を分散させることができる。

プライマリーの応答がなくなったときは役割を引き継ぐ。

マルチAZで可用性を上げる

あとは任せた！

了解！

AZ-1　　　AZ-2

別のAZ（Availability Zone）に相棒を待機させておくことで、AZ障害が起きたときにすぐに相棒に役割を引き継ぐことができる。

16.1 データベース（DB）／RDBMSとは

Amazon RDS（Relational Database Service）はAWSによってフルマネージド型で提供されます。本節では、まずRDBMSデータベースの基本的な考え方を押えておきます。

DBとは、ある特定の条件に当てはまるデータを複数集めて、あとで使いやすい形に整理した情報のかたまりのことを表します。また、コンピュータ上でデータベースを管理するシステム（DBMS；Database Management System）のことを、単にDBと呼ぶ場合もあります。

DBMSの種類にはRDBMS（Relational DataBase Management System）とNoSQL（非RDB）があります。RDBMSとは行と列からなる表形式で表された関係データベースを管理する仕組みのことです。列にはそれぞれ重複しない項目名（見出し）が設定され、行としてデータを追加していきます。複数の表を結合することによって、より柔軟なデータ表現ができます（**表16-2**）。

表16-1　社員テーブルと部署テーブル（例）

社員番号	氏名	部署コード
10001	並里 成	103
10002	渡邉 飛勇	104
10003	岸本 隆一	104
10004	田代 直希	104

部署コード	部署名
101	総務部
102	人事部
103	営業部
104	開発部

RDBはSQL（問い合わせ言語）を利用することでデータの抽出、更新、削除などのアクションを実行できます。このアクションを実行する環境を提供する仕組みのことをRDBMSと呼びます。

> COLUMN
>
> ## NoSQLとは
>
> 　一般的には単にデータベースと書いた場合はRDBのことを指します。RDBとは大きく性質が異なり、NoSQLは非リレーショナルで問い合わせ言語のSQLが利用できず、表形式で表すことができません[注A]。
>
> 　また、RDBと違って保存するデータ構造に決まりがありません。RDBの場合はスキーマ、つまりは格納する表の形式を定義することでデータを格納できるようになりますが、NoSQLの場合はとくに定義は必要ありません。
>
> 　AWSではこのNoSQLを扱う代表的なサービスとしてAmazon DynamoDBやAmazon DocumentDB（MongoDB互換）があります。定型化されていないデータを取り扱うことができます。
>
> 注A　Amazon DynamoDBではPartiQL（SQL互換のクエリ言語）が利用できます。

16.2　モニタリング

　モニタリング（監視）をすることでDBに問題が発生したときに気づくことができます。例えば、大規模システムに使われるDBの場合は1分間に100万回アクセスされるような事例もあります。こういったアクセス集中が起きると次のような問題が起きます。

- スループット（読み書き処理性能）の低下
- CPU使用率の逼迫
- データ保存領域の不足

　このような状況に陥ってからでは遅いため、早期に気づけるようにモニタリングすることが重要です。Amazon RDSはCloudWatch（169ページ）を

利用して利用状況をモニタリングします。

● Amazon RDSのモニタリングの概要

https://docs.aws.amazon.com/ja_jp/AmazonRDS/latest/UserGuide/
MonitoringOverview.html

16.3 暗号化

　データを管理するうえで暗号化はセキュリティ対策の手段の1つです。暗号化をしておくことで仮にデータが盗まれたとしても復号できないかぎり中身を閲覧できません。本書執筆時点（2021年11月）、RDSで扱えるすべてのデータベースエンジンでAES-256暗号アルゴリズムを利用して暗号化できるようになっており、保管時のデータ暗号化に関するセキュリティ要件を達成できます。

● Amazon RDSの暗号化

https://docs.aws.amazon.com/ja_jp/AmazonRDS/latest/UserGuide/
Overview.Encryption.html

16.4 マルチAZ

　RDSには可用性と耐久性を強化するためのオプションがあります。利用しているデータベースが何らかの理由で停止した場合に備えて別のAZ（Availability Zone）に対してRDSのデータが複製されます。複数のAZにRDSを配置して可用性と耐久性を強化する構成をマルチAZ構成と呼びます。

● Amazon RDSマルチAZ配置

https://aws.amazon.com/jp/rds/features/multi-az/

図16-1　マルチAZ構成のRDS

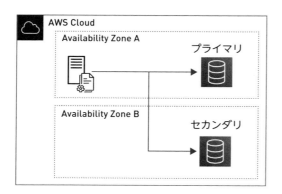

16.5　リードレプリカ

　RDSにはスケーラビリティと耐久性を強化するためのオプションがあります。データベースに対してアクセスが過多になったときにデータベースのコピーを読み取り専用で複製することで、読み取り能力を高めることができます。この読み取り専用の複製をリードレプリカと言います。レプリカは完全に同一のデータとしてコピーすることを指し、レプリカを作成してデータを同期することをレプリケーションと呼びます。

● Amazon RDSリードレプリカ

https://aws.amazon.com/jp/rds/features/read-replicas/

図16-2　リードレプリカの例

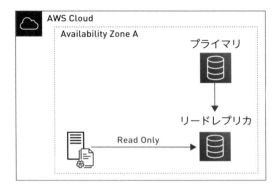

16.6　アクセスコントロール

　RDSのアクセスコントロールはセキュリティグループとIAMで管理します。セキュリティグループにはDBインスタンスごとのセキュリティグループとVPCに利用されるセキュリティグループに分かれますが、VPCのセキュリティグループをそのまま利用するイメージです。

　具体的にはMySQLでは3306ポート、Postgresでは5432（それぞれデフォルト）からのインバウンドルールを追加します。

● セキュリティグループによるアクセスコントロール

```
https://docs.aws.amazon.com/ja_jp/AmazonRDS/latest/UserGuide/
Overview.RDSSecurityGroups.html
```

16.7　スナップショット

　RDSには自動でデータのコピーを取得する方法と手動でバックアップする方法に分かれます。作成されたバックアップのことをスナップショット

と言います。スナップショットはS3に保存されます。

● DBスナップショットの作成

https://docs.aws.amazon.com/ja_jp/AmazonRDS/latest/UserGuide/
USER_CreateSnapshot.html

16.8 バックアップとリストア

　バックアップしたデータをデータベースに戻すことをリストアと言います。通常、リストアしている間はダウンタイムが生じますが、マルチAZ構成にしておくことでダウンタイムを最小限に抑えることが可能です。

● バックアップの使用

https://docs.aws.amazon.com/ja_jp/AmazonRDS/latest/UserGuide/
USER_WorkingWithAutomatedBackups.html

目標復旧時間 (RTO) と目標復旧時点 (RPO)

　障害を復旧するのにかかる時間といつまでのデータに戻すのかを定める基準があります。障害復旧にかかる時間を目標復旧時間（RTO；Recovery Time Objective）、いつの時点のデータに戻すのかを目標復旧時点（RPO；Recovery Point Objective）と呼びます。それぞれ、サービスや組織によって定義されます。

● 目標復旧時間 (RTO) と目標復旧時点 (RPO)

```
https://docs.aws.amazon.com/ja_jp/wellarchitected/latest/
reliability-pillar/recovery-time-objective-rto-and-recovery-
point-objective-rpo.html
```

16.9　構築時の設定に必要なパラメータ

　基本的にRDBを構築するときにはパラメータが必要です。必須のパラメータもあれば、任意のパラメータもあります。RDSにもRDBを構築するときと同様に必要なパラメータがあります。

データベースのエンジンタイプ

　主に6つあります。「Amazon Aurora」「MySQL」「MariaDB」「PostgreSQL」「Oracle」「Microsoft SQL Server」の中から1つ選択します（**図16-3**）。

図16-3　データベースのエンジンタイプ

テンプレート

どのような用途で利用されるかによって決めます。「本番」「開発」「無料利用枠」の3つあります。利用するエンジンが「MySQL」と「MariaDB」であれば、無料利用枠[注1]で利用できます。

図16-4　テンプレート

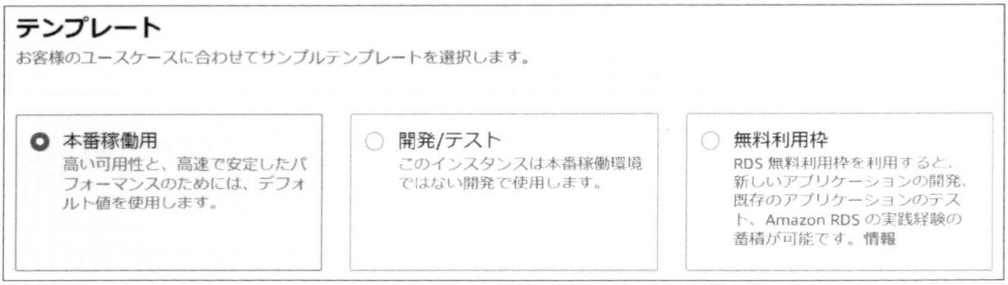

| テンプレート |
| お客様のユースケースに合わせてサンプルテンプレートを選択します。 |

● **本番稼働用**
高い可用性と、高速で安定したパフォーマンスのためには、デフォルト値を使用します。

○ **開発/テスト**
このインスタンスは本番稼働環境ではない開発で使用します。

○ **無料利用枠**
RDS 無料利用枠を利用すると、新しいアプリケーションの開発、既存のアプリケーションのテスト、Amazon RDS の実践経験の蓄積が可能です。情報

DBインスタンス識別子

データベースをプログラムなどから認識するときに必要な名前です。名前を決めておくことでIPアドレスではなく名前でデータベースにアクセスできます。

図16-5　DBインスタンス識別子

DB インスタンス識別子　情報
DB インスタンスの名前を入力します。この名前は、AWS アカウントが現在の AWS リージョンで所有しているすべての DB インスタンスにおいて一意である必要があります。

database-1

DB インスタンス識別子は大文字と小文字の区別がありませんが、すべて小文字で保存されます (例: "mydbinstance")。制約事項: 1〜60 文字の英数字またはハイフン。1 字目は文字である必要があります。連続する 2 つのハイフンを含めることはできません。ハイフンで終わることはできません。

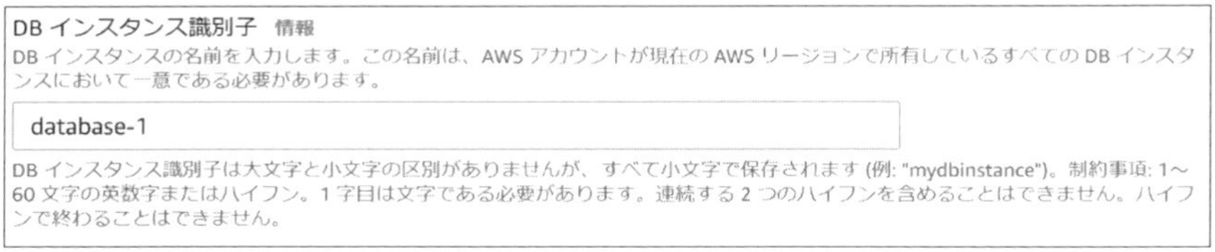

認証情報

DBにアクセスする際に必要な「マスターユーザー名」と「マスターパスワード」を設定します。

注1　AWSにサインアップしてから12ヵ月以内であるアカウントで利用可能です。

　マスターユーザーとはDBに対するすべての操作を実行できるユーザーです。各DBエンジンによって可能な操作は異なりますが、マスターユーザーのみで運用することをAWSは推奨していません。基本的には必要最低限の権限を与えたユーザーを作成してRDSを運用します。また、RDSではパスワードを自動生成することができます。自動生成した場合はパスワード入力が不要です。

図16-6　認証情報

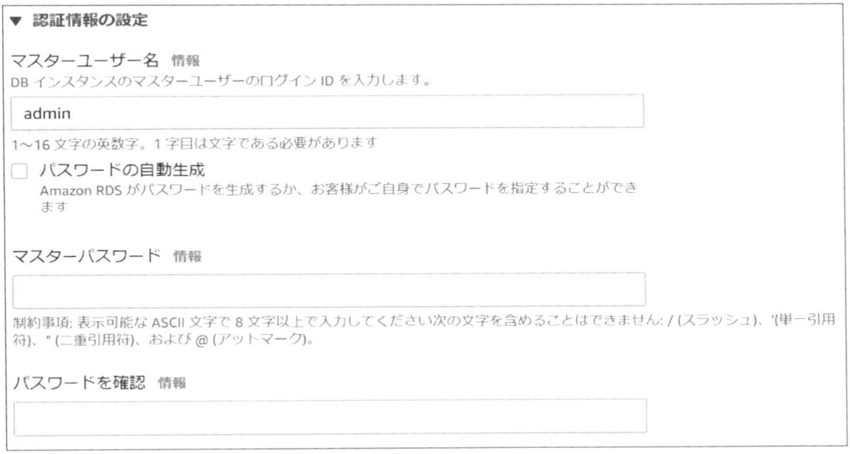

DBインスタンスクラス

　DBインスタンスクラスは簡単に言うとDBのスペックです。DBの処理性能を決める重要な設定値です。主に「標準クラス」（一般用途向け）と「メモリ最適化クラス」「バースト可能クラス」に分かれます。

　DBインスタンスクラスは「DBインスタンスクラスタイプ.サイズ」という形で表現されます。インスタンスクラスの文字列だけでどのような用途で利用されるDBなのかがある程度わかります。

- DBインスタンスクラスの例（「db」から始まるドット区切りの文字列）

db.m6g.12xlarge

　初めて利用する場合は標準クラスのDBインスタンスクラスで問題ありません。

- DBインスタンスクラス

https://docs.aws.amazon.com/ja_jp/AmazonRDS/latest/UserGuide/
Concepts.DBInstanceClass.html

ストレージタイプ

　ストレージタイプは主に次の3つで、ディスクサイズをGB単位で指定します。初めて利用する場合はデフォルト値でも問題ありません。

- 汎用（SSD）
- プロビジョンドIOPS（SSD）
- マグネティック

自動スケーリング

　RDSではストレージサイズがしきい値で自動スケーリングするタイミングを変更できます。

マルチAZ配置

　可用性を高めるための機能を利用するかどうかの設定です。本番環境では利用が推奨されています。

DBの基礎

ここではDBの基礎的なキーワードを簡単に紹介します。

DBの正規化

DBの正規化とは、DB設計の工程において同一テーブル内のデータの重複をなくすために、適宜データを分割／整理することです。

表16-Aのようなテーブルがあった場合、開発課の名称が「企画・開発課」に変わったときに3レコード（渡邉さん、岸本さん、田代さん）の所属部署を「企画・開発課」に更新しないといけません。データの重複を排除し、更新忘れを防ぐようなテーブル設計にしたものが表16-Bです。

表16-A　正規化されていないテーブルの例

社員番号	氏名	所属部署
10001	並里 成	営業部
10002	渡邉 飛勇	開発部
10003	岸本 隆一	開発部
10004	田代 直希	開発部

表16-B　正規化されたテーブルの例

社員番号	氏名	部署コード
10001	並里 成	103
10002	渡邉 飛勇	104
10003	岸本 隆一	104
10004	田代 直希	104

部署コード	部署名
101	総務部
102	人事部
103	営業部
104	開発部

　このような形であれば、開発課の名称が「企画・開発課」に変わったとしても部署テーブルの1レコードだけを更新すればよくなります。なお、実務では第1正規形、第2正規形、第3正規形の手順に沿ったテーブル設計

を進めることが多くあります。

トランザクション

　DBを更新するときに、一連の処理をまとめて実行しないとデータがおかしくなってしまうことがあります。それを防ぐための仕組みがトランザクション（transaction；処理、取引）です。

　例えば、銀行で1万円をA口座からB口座に振り込むケースを考えると、次の2つの処理がセットで実行される必要があります。

①1A口座から1万円を引き落とす（残高が減る）
②2B口座に1万円を振り込む（残高が増える）

　片方の処理だけではデータ（残高）が不整合な状態になってしまいます。①②の処理を実行したあと、問題がなければ「確定（コミット）」、問題があれば「破棄（ロールバック）」の命令を実行してトランザクションを終了します。

SQL

　SQLはRDB上でDBの設定変更、データの抽出／更新／削除などを行う問合せ言語です。

　データの抽出／更新／削除などの操作がDML（Data Manipulation Language）で、テーブルの作成などの操作がDDL（Data Definition Language）、アクセス権の制御などがDCL（Data Control Language）と呼ばれます。SQLは基本的にこの3種類で構成されています。

　SQLのみを学習するのであれば「DB Fiddle」を使ってSQLを実際に実行してみることができます。

● DB Fiddle
https://www.db-fiddle.com/

インデックス

　検索を速くする仕組みとしてインデックスがあります。インデックスは書籍の索引のようなものです。テーブルを全件数探すことなく、指定のレコードを見つけることができます。検索パフォーマンスを考えるうえで重要な要素です。

運用と管理

　システムは一度作ったら終わりというものではなく、その後も適切に運用／管理する必要があります。具体的には次のようなことです。

- 状況を把握する……ログ監視、パフォーマンスのモニタリング（202ページ）
- 適切にメンテナンスする
- 不測の事態（DBが壊れるなど）に備える……バックアップとリストア（206ページ）

■ ログ監視

　DBはエラーログ、監査ログ、クライアントからの接続情報ログ、DB起動／停止ログなどさまざまなログを出力します。どれも有用な情報ですが、特にエラーログとDB起動／停止ログは確認するケースが多いです。ログには障害発生の検知、障害の原因確認などで必要な情報が出力されています。また、ログの出力場所や出力形式、内容は理解しておきましょう。

■ メンテナンスコマンド

　DBを利用をしていくと、時間の経過と共に性能を維持するためにメンテナンスが必要になるものがあります。必要なメンテナンスコマンドは、DBごとに異なることも多いので、マニュアルなどで確認しましょう。

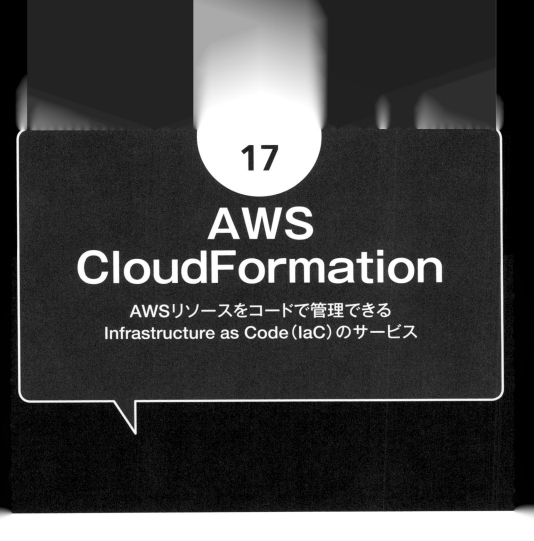

17

AWS CloudFormation

AWSリソースをコードで管理できる
Infrastructure as Code（IaC）のサービス

Infrastructure as Code（IaC）はインフラをコードで管理する考え方で、多くのツールがあります。CloudFormationはAWSリソースをコードで管理できます。本Chapterでは基本となるいくつかのセクションと1つのシステムを複数のスタックで構成するクロススタック参照について説明します。

CloudFormation

私が部隊を管理する。

設計図からインフラ部隊を構築

YAML形式やJSON形式で書かれた設計書通りに必要な数とスペックのサービスリソースを集めて指定された場所に配置する。その姿は部隊の指揮官のよう。

まずはここにVPCを作る

t3.largeのEC2を5人出動だ!

EC2、お前たちはこのVPCで働くんだ

同じ構成を何度でも作れる

設計書は使いまわしが可能。同じ設計書を使って同じ構成を何個でも作れる。設計書はGitなどで管理できる。

勝手に手を加えられるのは苦手

CloudFormationで構築したインフラ群に変更を加えるときはCloudFormationを通すべき。CloudFormationを使わずに変更すると、その構成はもうCloudFormationで管理できなくなってしまう（2021年時点）。

なんで勝手に構成を変えるんだ!

もう私の部隊じゃない!管理できん!

17.1　CloudFormationとは

　AWS CloudFormationは、AWSリソースをコードで管理できます。いわゆるInfrastructure as Code（IaC）ツールの1つです。

IaCツールとは

　IaCとはインフラをコードで管理するという考え方です。今では多くの現場でIaCツールが利用されています。

　IaCを導入すると、コスト面と品質面でメリットがあります。なぜなら、システム構築をコード化してIaCツールに任せることで、人による作業を減らせるからです（作業時間の削減と人為的なミスを減らせます）。

　また、コードがあれば簡単に同じ環境が作成できるので、環境破棄と再構築を素早く繰り返せるため、仕様変更に対する迅速な対応や検証環境を必要に応じて構築するのにも役立ちます。さらに、コードで管理することによってバージョンを手軽に管理できるようになります。

　なお、CloudFormationで構築できるのはAWSリソースのみです。AWS以外のクラウドサービスを管理するには、それぞれのクラウドサービスに対応したIaCツールを利用する必要があります。

17.2　CloudFormationの使い方

　CloudFormationで使うコードは、YAML形式またはJSON形式で記載します。作成したファイルをテンプレートファイルと呼びます。YAML形式では半角スペースによるインデントで階層構造を表現し、#を付けた場合はコメント行になります（本ChapterではYAML形式で説明しています）。

　CloudFormationでは、役割の異なるセクションという階層に分けてコードを記述します。セクションは、CloudFormationの基本的な機能を利用す

るために重要な役割を果たします。

- AWS CloudFormationユーザーガイド

  https://docs.aws.amazon.com/ja_jp/AWSCloudFormation/latest/User
  Guide/Welcome.html

Resourcesセクション

ResourcesセクションではAWSリソースを定義します。CloudFormationテンプレート実行時、このセクションに記述したAWSリソースが作成されるため、テンプレートの中でもっとも重要なセクションです。

リスト17-1ではVPCを定義しています。**リスト17-1**をCloudFormationで実行すると、実行したリージョンにVPCを作成できます。作成するAWSリソースをTypeに指定しますが、AWSリソースによって指定が必要なプロパティは異なります。

リスト17-1　Resourcesセクション（例）

```
# Resources Section.
Resources:
  VPC:
    Type:"AWS::EC2::VPC"
    Properties:
      CidrBlock: "172.16.0.0/16"
```

Parametersセクション

Parametersセクションでは引数を定義します。定義した引数はResourcesセクションやOutputsセクションで使用できます。引数はスタック（CloudFormationで構築したAWSリソースのグループの呼び方）の作成／更新時に指定することができます。

リスト17-2のように、Parametersセクションで引数を定義しResourcesセクションでVPCのCidrBlockの値として使用できます。

リスト17-2 Parametersセクション（例）

```
# Parameters Section.
Parameters:
  VPCCidr:
    Type: String
    Default:"172.16.0.0/16"
# Resources Section.
Resources:
  VPC:
    Type:"AWS::EC2::VPC"
    Properties:
      CidrBlock: !Ref VPCCidr
```

　テンプレートを作成する場合、どのように利用されるのかを想定して作成する必要があります。例えば、変更することが想定される値がテンプレートに直接指定されていると、わざわざテンプレートを変更しなくてはいけません。そこで、カスタム値を指定したい項目をParametersセクションで引数として定義しておくと、作成／更新時にカスタム値を指定するだけで対象の値は変更できるようになります。

Mappingsセクション

　Mappingsセクションではキーバリュー型の定数を定義します。定義した値はResourcesセクションで使用できます。Parametersセクションより少し複雑になりますが、条件によって設定する値を固定で変化させたい場合に使用します。

　リスト17-3では、Mappingsセクションに環境別に指定したいCidrをまとめたものを定義しています。Parametersセクションに指定するEnvironmentの値によって、構築されるネットワーク環境を変化させることができます。

リスト17-3 Mappingsセクション（例）

```
# Parameters Section.
Parameters:
  Environment:
    Type: String
    Default:"development"
    AllowedValues:
      - development
      - production
```

```
# Mappings Section.
Mappings:
  Cidr:
    development:
      vpc: "172.16.0.0/16"
      subnet: "172.16.1.0/24"
    production:
      vpc: "172.17.0.0/16"
      subnet: "172.17.1.0/24"
# Resources Section.
Resources:
  VPC:
    Type:"AWS::EC2::VPC"
    Properties:
      CidrBlock: !FindInMap [Cidr, !Ref Environment, vpc]
  Subnet:
    Type:"AWS::EC2::Subnet"
    Properties:
      AvailabilityZone: !Sub ${AWS::Region}a
      VpcId: !Ref VPC
      CidrBlock: !FindInMap [Cidr, !Ref Environment, subnet]
```

Conditionsセクション

　Conditionsセクションでは条件を定義します。定義した条件はResources
セクションやOutputsセクションで使用でき、Conditionプロパティとして
AWSリソースやOutputsセクションを作成するかどうかを指定できます。

　リスト17-4は、ParametersセクションのNeedSubnetに"true"を指定する
とResourcesセクションのSubnetが作成され、"false"を指定すると
ResourcesのSubnetは作成されないというテンプレートになっています。
Parametersセクションで定義した値はそのままResourcesセクションの
Conditionに指定することができません。Parametersセクションで定義した
値を元にConditionsセクションで条件を作成し、Resourcesセクションや
OutputsセクションのConditionプロパティへ指定する必要があります。

　このように、Conditionsセクションを使用するとParametersセクション
で指定した値を条件に、AWSリソースの構成を変化させることができます。

リスト17-4　Conditionsセクション（例）

```
# Parameters Section.
Parameters:
```

```
    NeedSubnet:
      Type: String
      Default: true
      AllowedValues:
        - true
        - false
# Conditions Section.
Conditions:
  CreateSubnet: !Equals [!Ref NeedSubnet, 'true']
# Resources Section.
Resources:
  ...途中略...
  Subnet:
    Type:"AWS::EC2::Subnet"
    Condition: CreateSubnet
    Properties:
      AvailabilityZone: "ap-northeast-1a"
      VpcId: !Ref VPC
      CidrBlock: "172.16.1.0/24"
```

Outputsセクション

OutputsセクションはResourcesセクションなどで作成したAWSリソースの情報を単純に出力する機能と、別のスタックから参照できる形で出力する機能があります。

リスト17-5ではVPCの情報とSubnetの情報を出力していますが、VPCにはExportプロパティを指定しています。これにより、別のスタックからVPCの情報を参照できます。

リスト17-5 Outputsセクション（例）

```
# Resources Section.
Resources:
  VPC:
    Type:"AWS::EC2::VPC"
    Properties:
      CidrBlock: "172.16.0.0/16"
    ...途中略...
# Outputs Section.
Outputs:
  VPC:
    Value: !Ref VPC
    Export:
      Name: vpc-id
  Subnet:
    Value: !Ref Subnet
```

17.3　クロススタック参照

　Outputsセクションで別のスタックから参照できる機能がありましたが、CloudFormationでは1つのシステムを複数のスタックで構成することができます。これをクロススタック参照と呼びます。

　AWSでシステムを構築するには、ネットワークやサーバー、データベースなどのさまざまなAWSリソースを組み合わせる必要があります。それらを1つのテンプレートに記載することもできますが、実際には膨大なコード量になることが多く、あまり現実的ではありません。

スタックを分割するという考え方

　AWSのベストプラクティスである「共通のライフサイクルと所有権を持つリソースのグループ化」という考え方があります。

　例えば、あるサービスの開発チームにアプリチームとDBチームがあったとします。アプリチームとDBチームでは管理するAWSリソースとリリースの頻度、すなわちライフサイクルが異なります。この場合、アプリチームはデータベースの設定を変更してはいけませんし、DBチームもアプリをリリースしてはいけません。そのため、アプリチームとDBチームが管理するそれぞれのAWSリソースをお互いに干渉しないようにスタックを分割する方法があります。

　適切なグループでスタックを作成し管理することで、開発チーム間で発生しやすい問題などを未然にコントロールできます。また、リリース時に別チームを意識する必要がないため、自身のチームの作業に集中できます。

　このように、CloudFormationなどのIaCツールを用いたインフラのコード化は、単に自動化するだけでなくシステム開発と運用を最適化するための技術と言えます。

AWSの利用料金の
見積もり方法

サンプルのシステム構成をベースに
実料金を算出する

　　クラウドサービスの従量課金は、いったいどのくらいになるのか
想像しづらいものです。AWSでは公式サイトに料金が明示されて
いますが、さまざまなリソースを組み合わせて1ヵ月利用した場合
の金額は、すぐには算出できません。ここでは、サンプルのシステ
ム構成を対象に実料金の算出手順を説明します。

A-1　見積もり対象のサンプル（システム構成）

　AWSの利用料金は基本的にAWS Pricing Calculator（https://calculator. aws/）と公式サイトの料金を参考に見積もります。ここでは、サンプルとして**図A1-1**のようなシステム構成を見積もり対象とします。

　なお、ここで算出される金額はあくまで概算です。リージョンや利用状況により増減する場合があります。

図A1-1　見積もり対象のサンプル（システム構成）

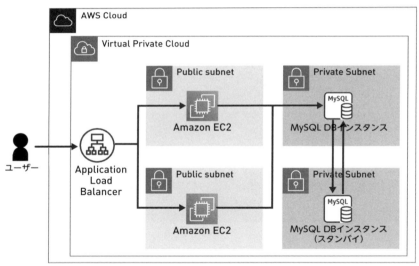

　AWSの利用料金はリソース／サービスによって、「固定費のみ」「変動費のみ」「固定費＋変動費」のパターンに分けることができます。

　見積もり対象となるAWSサービスは「Amazon EC2（OS：Amazon Linux 2）」「Amazon RDS」「Application Load Balancer（ALB）」です。

A-2 ①サービスの要件や非機能要件を確認する

実際の案件では、要件定義フェーズの中で性能面やセキュリティ面など
の非機能要件を定義します。それらがAWSのアーキテクチャーにどのよう
な影響を及ぼすのか（料金にどのように跳ね返るのか）を確認していきます。

A-3 ②サイジングを選定する

Amazon EC2とAmazon RDSはインスタンスタイプによって料金が変動し
ます。今回は次の条件でサイジングを実施します。

● Amazon EC2：m5.xlarge（30GiBストレージ）
● Amazon RDS：db.m4.2xlarge（30GiBストレージ）

インスタンスの購入方法は要件がないのでオンデマンドを想定します。実
務では開発フェーズはオンデマンド、検証フェーズや本番フェーズになると1
年など前払いしてリザーブドインスタンスを購入するケースが多いです。

A-4 ③料金を見積もる

ここではオンデマンドなので基本的には使用時間×料金を単純に掛け合
わせます。

Amazon EC2の場合

m5.xlargeの利用料金はオンデマンドで1時間あたり0.248USDです。AWS

Pricing Calculatorでは1ヵ月は730時間に設定されているので、それに合わせます。また、EBSボリュームの料金は忘れずに計算に含めましょう。

● Amazon EC2の料金

・Amazon EC2インスタンス料金
  2インスタンス×0.248USD/h×730h＝362.08USD
・EBSボリューム料金
  2インスタンス×0.12USD/h×30GiB＝7.2USD
・合計
  362.08USD＋7.2USD＝369.28USD

Amazon RDS for MySQLの場合

スタンバイインスタンスもあるので、RDSインスタンスを2つ作成します。db.m4.2xlargeの利用料金は1時間あたり2.034USDです。なお、RDSのEBSボリュームは汎用SSDとしました。

● Amazon RDS for MySQLの場合

・RDSインスタンス料金
  2インスタンス×2.034USD×730h＝2969.64USD
・EBSボリューム料金（汎用SSD）
  2インスタンス×0.276USD×30GiB＝16.56USD
・合計
  2969.64USD＋16.56USD＝2986.2USD

Application Load Balancerの場合

Application Load Balancer（ALB）は固定料金＋従量課金で課金が発生します。

ALBにはLCU（ロードバランサーが通信を処理する単位）という概念があり、AWSの課金体系では次の数値が1LCUとして規定されています。

- 新しい接続：1秒あたりの新規接続数
- アクティブ接続：1分間あたりのアクティブ接続数
- 処理タイプ：ロードバランサーによって処理されたリクエスト数と応答バイト数
- ルール評価：ロードバランサーによって処理されたルール数とリクエストレートの積

これらは、1秒あたり新しいアクセスが何個あって、平均して何分持続するのか？を考えるとイメージしやすいです。

サービス要件によってLCUがどの程度発生するかを見積もる必要があります。今回は5LCUを想定します。一般ユーザー向けサービスの場合は突発的なアクセス増加が発生する可能性を考慮したほうが安全でしょう。

●Application Load Balancerの場合

・固定料金
ロードバランサー1台あたり1時間で0.0243USDかかります。月額に換算すると約2,000円程度です。なお、ロードバランサーの固定料金のことをApplication Load Balancer時間といいます。

1ロードバランサー×730h×0.0243USD＝17.739USD

・従量課金
ロードバランサーでは1LCU時間あたり（または1時間未満あたり）0.008USDのコストがかかります。

5×0.008USD×730h＝29.2USD

・合計
17.739USD＋29.2USD＝46.939USD

見積もりの合計

各項目の数字を合算すると次のようになります。レートを1USD＝110円とすると約37万5,000円となります。

●見積もりの合計
369.28USD＋2986.2USD＋46.939USD＝3402.419USD

A-5 ④クライアントに見積もり金額を提示する

　料金を見積もったところ3402.419USDとなりました。ここでは、アプリ要件を大まかに定義しているため、実際にはもう少し安くなるケースが多いです。またRDSについてはパフォーマンスを考慮している点、商用利用に耐えられるRDSを選定している点から料金が高くなりやすいので、クライアントに説明する際には注意を払う必要があります。

料金バッファ

　料金バッファとして、次のような変動要因を考える必要があります。

- アクセス増加による対応費用
- データ通信料
- その他

　今回の構成ではロードバランサーを採用しているため、アクセスが増えるとLCUが上昇するケースがあります。さらに、データ通信量が増えた場合の対応費用、その他モニタリングなどの追加費用も考えておく必要があります。また、1ヵ月の時間を730時間としていますが、月によって時間数は異なります

　これらの料金バッファを考慮すると見積もりが非常に複雑なものになるため、実務では見積もり料金の1～2割を上乗せするケースが多いです（実際の料金もその枠内で収まるケースが多いです）。

> **● クライアントへの見積もり金額の提示額**
> ・料金バッファを考慮
>   3402.419USD×1.2＝4082.9028USD
> ・円換算（1USD＝110円の場合）
>   4082.9028USD×110円＝449119.308円≒45万円

A-6　まとめ

　クライアントは年単位で予算を確保するケースもあるので、実際には次のような会話になるでしょう。

● クライアント
「AWSの利用料は、今回の要件ではいくらの見積もりになりますか？」
● エンジニア
「はい、1ヵ月で約45万円です。年間ベースだと540万円ほどの予算を見ていただければと思います」

　なお、あくまで初期金額なので、実際の課金額を確認しながら随時改善していく必要はあります。
　AWS Cost Explorerでは実際の課金額を確認できたり、コストを適正化するためのアドバイスが表示されるので活用しましょう。また、EC2を中長期使うのであればリザーブドに切り替えることも大切です。
　今回はAWS使用料金の見積りを実施しました。普段料金見積りをやり慣れていないエンジニアにとっては技術的な知識と営業的な視点が求められる難しい作業だったかもしれません。
　今回の要件では簡単な構成で見積もりましたが、サービスが増えるほど複雑になります。ただし、複雑になっても料金の見積という本質は変わらないので、公式ドキュメントなどを参照しながら少しずつ見積もりに慣れていきましょう。

おわりに

早く行きたければ一人で進め、遠くまで行きたければ皆で進め
(If you want to go fast, go alone. If you want to go far, go together.)

アフリカのことわざと言われています。

本書の出版についても、制作メンバーの方々のご協力があって実現できたことは疑いようがありません。

CloudTechコミュニティで「みんなでAWS初学者を導く決定的な本を作りたい」という私の見切り発車に付いてきてくださった制作メンバーの方々、編集者の取口敏憲氏を交えて毎夜テレビ会議で白熱した日々を思い出します。あれは本当に大変でしたね……。ありがとうございました。

本書のAWS学習ロードマップが、これを読まれているあなたにとって少しでもお役に立てれば本望です。

IT技術は学べば学ぶほど自分の無知を認識するものです。このロードマップを完走したあとも学習を継続することが大変重要です。もっと深く学びたい方はCloudTechのコミュニティでご一緒できることを心待ちにしております。

最後に、私の現在を支えてくれているSatomyに、家族と友人に、本書籍の制作メンバーとCloudTechコミュニティメンバーに、日々を歩みつつ、より遠くまで一緒に行けることを願い、ここに感謝の意を申し上げます。

2021年12月
くろかわこうへい

CloudTechロードマップ作成委員会の紹介

本書の執筆／制作にご協力をいただいた方々を紹介します。

氏名	所属など	担当
小澤聡	SIerに勤務するProject Manager	総括PM、10章、12章、15章、16章
ルビコン	フリーランス（AWSメンター／クラウドエンジニア）	テクニカルレビュアー
久保玉井純	ラーメン戦士＠専修学校国際電子ビジネス専門学校	テクニカルレビュアー
瀬山政樹	これでも2人の人の親／PLっぽい人	テクニカルレビュアー、9章（コラム）
山田顕人	一般男性／バックエンドよりのフルスタックエンジニア	PMチーム、6章、16章
徳田真之介	都内AdTech企業勤務エンジニア	PMチーム、4章、7章、5章（コラム）
桝谷昌弘		PMチーム、17章
松波花奈	SIerに勤務するシステムエンジニア	PMチーム、14章
たかくに	クラスメソッド㈱	PMチーム、11章、1章（コラム）
又吉佑樹	都内CIerに勤務するIT営業	PMチーム、1章
ナカネ	SIerのインフラエンジニア	PMチーム、2章（コラム）
水野洋之	㈱ITワークス NWエンジニア	1章
河野彩子	フリーランス（Web系バックエンドエンジニア）	1章、その他ツール
中上綾人	専門商社に勤務する技術営業	2章
まさおかひろき		2章
稲村鉄平	インフラエンジニア	2章
yu17		3章
井齊篤志	バックエンドエンジニア	3章
萩原誠人	社内システムエンジニア	5章
やましたこうだい	大学生	8章
園田大輔	フリーランス（ソフトウェア／クラウドエンジニア）	8章、13章、6章（コラム）
寺地	ライフマティックス㈱	9章
望月陽介	㈱Colorkrew	9章
近藤恭平	栃木で働くクラウドエンジニア	11章
佐藤祐太	クラウドエンジニア	11章
comitsu	SIer勤務	13章
青木侑甫	㈱Olive	ch18 Appendix
小針隼一郎	フリーランス（フロントエンド／バックエンドエンジニア）	その他ツール
遠藤瑞稀	Web系ベンチャー BEエンジニア	その他ツール
Ryo		その他ツール
Tora		その他ツール
清永裕一	ゲーム会社のバックエンドエンジニア	その他ツール
井上嵩章	SIerに勤務するシステムエンジニア	その他ツール
中野啓太	SIerに勤務するシステムエンジニア	その他ツール
武田可帆里	SaaSプロダクトマネージャー	その他ツール
篠田敬廣	SIerプロジェクトマネージャー	一般レビュワー代表
石川達実	クラウドエンジニア	一般レビュワー代表
橋本敬宏	SaaS開発エンジニア	一般レビュワー代表
えんどうゆう	駆け出しエンジニア	一般レビュワー代表
和田裕史	都内独立系SIer勤務でくろかわこうへいの戦友	ロードマップ図監修、特別アドバイザー
塚本真理（zero）	グループウェアサービスインフラエンジニア	擬人化イラスト

索 引

◆ 装丁　　　　　　　　　　　　　　　　◆ AWS 学習ロードマップ・本文デザイン
　大悟法淳一（ごぼうデザイン事務所）　　　大山真葵（ごぼうデザイン事務所）
◆ 本文イラスト　　　　　　　　　　　　◆ 本文レイアウト（DTP）
　塚本真理（zero）　　　　　　　　　　　　酒徳葉子（技術評論社）
◆ 編集
　取口敏憲

■お問い合わせについて
　本書に関するご質問は、本書に記載されている内容に関するもののみとさせていただきます。本書の内容と関係
のないご質問につきましては、いっさいお答えできませんので、あらかじめご了承ください。また、電話でのご質
問は受け付けておりませんので、本書サポートページを経由していただくか、FAX・書面にてお送りください。

＜問い合わせ先＞
●本書サポートページ
　https://gihyo.jp/book/2022/978-4-297-12537-0
　本書記載の情報の修正・訂正・補足などは当該 Web ページで行います。

● FAX・書面でのお送り先
　〒 162-0846
　東京都新宿区市谷左内町 21-13
　株式会社技術評論社　雑誌編集部
　「AWS エンジニア入門講座——学習ロードマップで体系的に学ぶ」係
　FAX：03-3513-6173

　なお、ご質問の際には、書名と該当ページ、返信先を明記してくださいますよう、お願いいたします。
　お送りいただいたご質問には、できる限り迅速にお答えできるよう努力いたしておりますが、場合によって
はお答えするまでに時間がかかることがあります。また、回答の期日をご指定なさっても、ご希望にお応えで
きるとは限りません。あらかじめご了承くださいますよう、お願いいたします。

AWS エンジニア入門講座 —— 学習ロードマップで体系的に学ぶ

2022 年 2 月 1 日　　初版　第 1 刷発行
2022 年 2 月 23 日　　初版　第 2 刷発行

著　者　CloudTech ロードマップ作成委員会
監　修　くろかわこうへい
発行者　片岡　巌
発行所　株式会社技術評論社
　　　　東京都新宿区市谷左内町 21-13
　　　　TEL：03-3513-6150（販売促進部）
　　　　TEL：03-3513-6177（雑誌編集部）
印刷／製本　昭和情報プロセス株式会社

定価はカバーに表示してあります。

本書の一部または全部を著作権法の定める範囲を越え、無断で複写、複製、転載、あるいはファイル
に落とすことを禁じます。

©2022　株式会社 Kurokawa Web Services

造本には細心の注意を払っておりますが、万一、乱丁（ページの乱れ）や落丁（ページの抜け）がござい
ましたら、小社販売促進部までお送りください。送料小社負担にてお取替えいたします。

ISBN978-4-297-12537-0　C3055

Printed in Japan